혼자 여행은 처음입니다만

혼자 여행은 처음입니다만

초판 발행일 2020년 5월 10일
1판 2쇄 발행일 2022년 5월 15일

지은이 이라암 | **펴낸이** 김민희, 김준영
편집 김민희, 김준영 | **디자인** 김승은 | **영업 마케팅** 김영란

펴낸곳 두사람 | **등록** 2016년 2월 1일 제 2016-000031호
팩스 02-6442-1718 | **메일** twopeople1718@gmail.com

ISBN 979-11-90061-14-8 (04980) | 978-11-90061-08-7 (세트)

두사람은 여행서 전문가가 만드는 여행 출판사, 여행 콘텐츠 그룹입니다.
독자들을 위한 쉽고 친절한 여행서, 클라이언트를 위한
맞춤 여행 콘텐츠와 서비스를 제공합니다.
Published by TWOPEOPLE, Inc. Printed in Korea

혼자 여행은 처음입니다만

글 이라암

두사람

CHAPTER 4　여행 중 하나. 나한테 왜 이런 일이!

CHAPTER 5　여행 중 둘. 여행은 계획대로만 되지 않는구나!

꿈을 품고 무언가 할 수 있다면
그것을 시작하라.
새로운 일을 시작하는 용기 속에
당신의 천재성과 능력과 기적이
모두 숨어 있다.

요한 볼프강 폰 괴테

prologue

당신의 고민이 여행을 좌우한다

'혼행: 혼자 떠나는 해외여행.'

혼인을 위해 신랑이나 신부가 떠나는 여행을 일컫던 말이 이젠 혼자 떠나는 여행의 줄임말로 널리 쓰인다. 혼행, 혼행러. 듣기만 해도 가슴이 떨린다. 그런데 그 떨림이 설렘 때문만은 아니다. 이국적인 풍경에 두근거리던 가슴은 이내 혼자서 맞이할 두려움과 불안감에 사로잡힌다. 말도 잘 통하지 않을 해외에서 모든 책임을 혼자 떠안는 건 생각만으로도 무서운 일이니까.

혼자 떠난 해외여행에서 꿈을 이루고, 자아를 실현하며, 행복을 찾아 제2의 인생을 펼쳐나가는 사람들을 보면 나도 멀리 떠나고 싶은 마음이 절로 든다. 김 과장한테 욕먹고 박 팀장한테 구박받으며 모은 돈으로 혼자 훌쩍 떠나고 싶다! 그런데 막상 비행기 표를 결제하려니 통장 잔고가 걱정이다. 지금의 행복을 좇아 여행을 떠나는 게 과연 현명한 처사일까 고민된다. 여행을 떠나려면 당장 하던 일을 멈춰야 한다는 부담감도 크다. 의사소통이 어려운 곳에서 아무

일 없이 다닐 수 있을까 걱정이다. 혼자 여행을 해본 적 없으니 무엇을 어떻게 준비해야 할지 모르겠다.

당신은 평소 고민을 어떻게 해결하는가? 문제가 해결될 때까지 매달려 고군분투하거나, 몇 날 며칠 끙끙거리다 그만 포기할 수도 있다. 그러나 두 방법 모두 에너지만 소모할 뿐 고민과 걱정을 해결하기에 적합하지 않다. 이 책은 혼자 떠나는 해외여행과 관련된 '진짜 고민의 기술'을 제시한다. 당신은 단순하고도 탁월한 진짜 고민의 기술로 해외여행의 어려움에서 벗어나게 될 것이다.

나는 어릴 적 굉장한 겁쟁이였다. 집에 돌아오지 못할까 봐 스무 살 전까지 혼자 지하철을 타본 적이 없을 정도였다. 이 책에서 다룰 혼행러의 고민과 걱정은 사실 모두 내가 겪은 것들이다. 그 겁쟁이가 지금은 여행 작가가 되어 현재까지 8개국 55여 개 도시에 발자국을 찍었다. 혼자 지하철도 못 타던 쫄보가 도대체 어떤 기술로 혼자 해외여행을 다녀왔는지 궁금하지 않은가?

'해외여행, 무섭고 걱정되지만 혼자 가보고 싶다.'

이렇게 소망하는 당신을 돕고 싶어서, 무섭고 걱정되는 마음을 위로하고 싶어서 이 책을 썼다. 혼자 떠날 해외여행을 떠올리며 해일처럼 몰려드는 고민과 걱정에 골머리를 앓고 있는가? 그렇다면 이 책에서 당신이 진짜 고민해야 할 문제가 무엇인지 찾아보라. 당신이 어떤 고민과 걱정을 하느냐에 따라 당신의 여행이 달라진다.

CHAPTER 1

여행 결정 전

'나'에 대한 고민과 걱정

할 일은 많고
여행은 가고 싶고

TV를 틀면 여행 프로그램이 자꾸 눈에 밟힌다. 유튜브, 인스타그램에도 여행 동영상과 사진이 넘쳐난다. 아름답고 이국적인 풍경을 즐기며 행복한 사진을 올리는 사람들을 방구석에 누워 지켜보는 스스로가 처량하다. 저들처럼 여행하려면 돈이 얼마나 들까? 비행기 표를 검색했더니 몇 십만 원은 기본. 숙박비와 식비까지 어림잡으면 백만 원이 훌쩍 넘는다. 그동안 모아둔 적금을 확인했더니 턱없이 부족하다. 일도 해야 하고, 외국어 공부도 해야 하고, 자격증도 따야 하고, 적금도 넣어야 하는데. 결국 결제 페이지를 닫는다.

"하고 싶은 것만 하고 사는 사람이 어딨어. 미래를 위해 지금 원하는 걸 포기할 줄도 알아야지."

어른들에게 듣던 잔소리로 스스로를 다독여보지만 씁쓸한 기분을 떨칠 수 없다.

'나는 언제 행복할 수 있을까? 행복이란 게 있기는 할까?'

나를 가로막는 고민

대학교 졸업 후 동기 결혼식에 갔을 때의 일이다. 결혼식에서 만난 학과 교수님은 내게 취업 준비를 잘하고 있느냐며 근황을 물었다.

"이것도 해야 하고 저것도 해야 하고 할 일은 많은데 아무것도 하지 못하고 있어요. 저는 안될 것 같아요."

자조하며 말하는 내게 교수님은 조용히 답했다.

"가만 보니 넌 '해야 하는데, 해야 하는데'라고 말하면서 부정적으로만 생각하는구나. 그렇게 너를 속박하고 통제하면 네게 부족한 것에만 초점을 맞추게 된단다. 앞으로는 네가 하는 일의 주체를 너 자신으로 바꿔 말해봐. '나는 하고 싶다', '내가 하자'라고 말이야."

교수님의 말에 정신이 번쩍 들었다. 그제야 내 마음을 괴롭히던 것들과 마주할 수 있었다. 당시 내가 괴로웠던 까닭은 다름 아닌 내 부정적 판단 때문이었다.

취업 전선에 뛰어들자 이상적인 스펙과 내가 가진 스펙의 간극이 엄청났다. 나의 부족함에 초점을 맞추며 좁힐 수 없는 간극을 확인할수록 깊은 절망감에 빠졌다.

"나한텐 이것도 없고, 저것도 없어. 나는 안될 거야. 이것도 없고 저것도 없으니까."

부정적 판단에 갇힌 나는 생각의 결정권마저 잃어갔다. 내 생각이 부정적 판단이라는 인식조차 하지 못했다. 우리가 지금까지 '내 형편에 여행은 무리'라는 부정적 판단 하에 여행을 고민했던 것처럼 말이다.

'내 형편에 여행을 가도 괜찮을까?'

위 고민에는 이미 '부정적 판단'이 숨어 있다. 여건이 좋지 않으니 여행을 나중으로 미루자는 부정적 판단은 조용하고도 강력하게 우리의 삶을 조종했다. 우리는 그동안 이 부정적 판단에 속아 여행을 결정하지 못했던 것이다!

물론 여행 경비를 가늠하면 진짜 여행을 가도 괜찮을지 현실적인 고민을 할 수밖에 없다. 돈은 얼마나 있는지 통장의 안부를 물어도 어제 봤던 돈이 그 돈일 뿐. 수중에 돈이 충분했던 적 있던가. 미래의 안정된 생활을 위해 먼지 나는 통장이라도 갖고 있어야지. 결국 지금의 행복보다 미래의 생활이 걱정인 이들은 여행의 꿈을 고이 접어둔다.

여행을 떠나도 괜찮을지 재보는 마음이야말로 우리의 여행을 방해하는 요소다. 우리가 고민해야 할 '진짜 고민'이 아니다. 그렇다면 여행을 떠나고 싶을 때 해야 하는 진짜 고민은 무엇일까?

우리는 당장 떠나버리면 먼 미래의 행복이 더 멀어질 것 같아 여행을 결심하지 못했다. 그리고 여행을 포기할 때마다 나는 언제 행복할 수 있을까 절망했다. 결국 행복 때문에 떠나지 못했고, 행복 때문에 떠나고 싶어 했다. 우리의 여행을 좌지우지한 이 '행복'에 대한 고민이 여행을 떠나고자 할 때 해야 할 진짜 고민이다. 행복을 바라보는 각자의 관점에 따라 여행을 갈 수 있음과 갈 수 없음이 결정되기 때문이다.

행복이란 무엇인가

행복은 무엇일까? 이것은 매우 중요한 질문이다. 행복에 대한 정의가 바로 행복한지 가늠하는 기준이 된다. 저마다의 기준에 따라 행복을 바라보는 마음의 창, 즉 프레임이 만들어져 스스로의 삶이 행복한지 불행한지 판단하게 만든다.

최인철 교수가 쓴 책《프레임》에 따르면 프레임은 '어떤 문제를 바라보는 관점이나 고정관념, 사고방식, 은유 등 세상을 바라보는 마음의 창'이다. 예를 들어 여행을 떠올릴 때 '여행은 즐겁다', '여행의 단점은 돈이 많이 필요한 것이다' 같은 생각이 함께 떠오른다면 바로 이러한 생각이 여행에 대한 프레임이다.《프레임》에서는 프레임을 '우리가 지각하고 생각하는 과정을 선택적으로 제약하고, 궁극적으로는 지각과 생각의 결과를 결정한다'고 정의한다. 저자는 '프레임은 우리가 무엇을 보는지, 어떤 판단을 내리는지, 어떤 행동을 하는지, 그 모든 과정을 특정한 방향으로 유도하고, 결국 특정한 결과를 만들어낸다'고 말한다. 프레임에 따라 우리 삶이 어떻게 달라지는지 내가 직장을 다닐 때의 에피소드를 통해 살펴보자.

직장에서 닷새 내내 일한 뒤 맞는 주말은 언제나 짧고 아쉬웠다. 너무 피곤한 나머지 주말 오후 늦게 일어나거나, 잠깐 누웠다가 오랜 시간 낮잠을 자버린 날은 내가 왜 그랬을까 자책했다. 일주일에 이틀뿐인 주말에는 나를 위한 특별하고 의미 있는 활동을 해야 한다고 생각했다. 주말에 대한 나의 강박적인 프레임은 잠으로 보낸

날들을 의미 없고 불행하게 만들었다.

그러다가 회사 일과 인간관계 때문에 고민하는 시기가 찾아왔다. 회사에 출근하는 평일 내내 그 문제를 생각하느라 심신이 지쳐버렸다. 주말에는 아무 활동도, 아무 생각도 하지 않기를 바라며 평일을 버텼다. 그리고 마침내 주말을 맞이하자 정말 아무것도 하지 않았다. 방에 누워 천장을 바라보다 창밖에 떠 있는 구름을 보기도 하고, 잠이 오면 잠을 자고, 잠에서 깨면 방을 뒹굴며 주말을 보냈다. 그때 나는 행복했을까, 아니면 불행했을까?

행복했다. 아무것도 하지 않고 빈둥거린 것은 예전과 똑같았지만 주말을 보는 프레임은 크게 달라졌기 때문이다. '주말엔 특별한 활동을 해야 한다'는 프레임에 갇혔을 때 나는 주말에 아무것도 하지 못하면 불행해졌다. 그러나 '주말엔 아무것도 하기 싫다'는 프레임으로 바뀌자 아무것도 하지 않았기에 행복해졌다. 물론 재미있는 주말을 보내지 못했다는 아쉬움이 조금 있었지만 불행하지는 않았다. '주말엔 어떤 활동도 하지 않기'가 행복의 조건이 된 까닭이다. 이처럼 똑같은 상황도 어떤 프레임을 가지느냐에 따라 삶의 만족감이 달라진다.

그렇다면 사람들 각자의 행복 프레임은 여행에 어떤 영향을 끼칠까? 대부분의 사람은 경제적으로 풍족한 상태나 사회적으로 인정받는 성취를 행복이라 여긴다. 행복 프레임을 경제적 풍요나 굉장한 성취를 실현하는 것이라고 믿는 사람은 여행을 다음으로 미룰 수밖에 없다. 지금 아낀 돈과 시간이 행복한 미래를 만든다는 생각에 여행을 꺼리게 된 것이다. 현실적으로 보면 꽤 현명한 판단이다.

여기서 여행을 포기하는 결과로 이끈 프레임은 무엇일까? 바로 행복을 경제적 풍요나 사회적 성취를 이루었을 때 얻는 '미래의 결과'라고 생각하는 것이다. 전자의 프레임은 풍요로운 경제력을 갖춰야 한다는 특정한 방향으로 당신의 사고를 유도한다. 당신이 여행하며 소비할 돈만 보게 하고, 마음의 풍족을 위해 돈을 소비하는 데 자책감이 들도록 한다. 이로 인해 여행을 자제하게 되고, 결국 여행을 포기하게 된다. 후자의 프레임 또한 사회적 성취를 이뤄야 한다는 특정한 방향으로 당신 생각을 유도한다. 여행으로 소비할 시간을 헤아리게 하고 그렇게 자책감과 불안감이 들면 여행을 포기한다.

그러므로 행복을 바라보는 관점에 따라 여행을 갈 수 있을지 여부가 결정되는 것이다. 행복을 미래의 결과라는 프레임에 가두면 여행은 행복의 걸림돌이 된다. 여행하고 싶다면 '내가 여행을 가도 괜찮을까'가 아니라 '행복이란 무엇인가'를 고민해야 한다. 행복에 대한 오해를 풀고 진정한 행복 프레임을 설정해야 비로소 여행할 수 있다. 그렇다면 이제 올바른 행복 프레임에 대해 알아보자.

행복의 과정, 여행

지금까지 프레임의 부정적 영향을 이야기했다. 하지만 프레임 자체가 부정적인 것은 아니다. 프레임은 우리 생각과 판단의 방향을 결정할 뿐이다. 우리가 'A는 B'라는 프레임을 가지면 A는 B가 된다. 우리가 'A는 행복'이라는 프레임을 규정하면 A를 경험할 때 행복을 느낀다. 설령 아주 작고 사소한 것이라 해도 말이다.

이 주장을 우리 삶에서 실증하는 트렌드가 하나 있다. 바로 '소확행'이다. 소확행의 의미는 일상에서 느낄 수 있는 작지만 확실하게 실현 가능한 행복, 또는 그러한 행복을 추구하는 삶의 경향이다. 이 용어는 무라카미 하루키의 에세이 〈랑게르한스섬의 오후〉에서 처음 쓰였다고 한다. 갓 구운 빵을 손으로 찢어 먹을 때나, 서랍 안에 반듯하게 정리된 속옷을 볼 때 느끼는 감정들은 작지만 확고한 하나의 행복이며, 이를 줄여 소확행이라 말한다.

내가 주말에 누워 있던 것만으로 행복을 느꼈듯 우리는 세상의 가치와 상관없이 본인이 가진 행복 프레임을 통해 행복을 느낀다. 우리는 행복을 더 온전히, 보다 풍부하게 느끼기 위해 올바른 행복 프레임을 설정해야 한다. 그 방법을 알아보자.

첫째, 우리는 행복이 대단한 성취와 결과에서 오는 특별한 감정이라는 생각을 바꿔야 한다. 대부분의 사람들은 이상적 성취에서 오는 특별한 행복감을 바란다. 그러나 우리가 대체로 경험하는 건 일상에서의 작은 성취와 기분 좋은 정도의 행복감이다. 일상의 작은 성취가 우리가 바라는 이상적인 행복감을 선사할 수 있을까? 그렇지 않다. 우리는 이상적 성취와 내가 이룰 수 있는 작은 성취의 간극 때문에 행복이 먼 곳에 있다고 느끼며 좌절한다. 행복에 대한 오해를 풀어야 한다. 행복은 이상적인 사건에서만 도출되는 특별한 감정이 아니다. 한 주의 피로를 풀기 위해 약속 없이 집에 누워 뒹굴거리는 것도 행복이다. 행복은 일상에서 찾을 수 있는 감정이므로 행복 프레임 또한 일상에서 일어나는 일을 중심으로 세워야 한다.

둘째, 부정적인 것이 전혀 없는 행복한 삶이 존재한다는 착각을 바꿔야 한다. 높은 사회적 지위에 오르거나 금전적 성공을 거둔 사람들 가운데 술이나 마약에 빠지는 부류가 있다. 남들이 부러워할 만한 성취를 이룬 이들이 타락하는 이유가 무엇일까? 목표를 달성하면 행복해질 거라 여기고서 앞만 보고 달려 왔으나, 막상 인생의 목표를 이루자 결과가 그리 이상적이지 않았기 때문이다. 이는 대단한 성취가 무조건적인 행복을 선사하지는 않음을 알려준다. 최인철 교수는 《프레임》의 후속작인 《굿 라이프》에서 '행복을 연구하는 학자들 중 그 누구도 행복은 고통의 완벽한 부재 상태라고 주장하지 않는다'고 이야기한다. 오직 행복감만 느끼는 삶은 없다는 것이다.

행복 프레임은 '이상적 결과'가 아닌 '일상의 과정'으로 세워야 한다. 하버드 대학에서 행복학을 가르치는 탈 벤 샤하르 교수는 '행복은 정상을 정복하는 것도, 맹목적으로 오르는 것도 아니다. 행복은 정상을 향해 올라가는 과정이다'고 했다. 그의 강의를 엮은 책인 《행복이란 무엇인가》에는 "행복은 사회적인 지위나 은행 잔고가 아닌 사람들의 태도에 달려 있다. 현재 자신의 마음 상태와 관심사가 무엇인지가 중요하다. 행복해지기 위해서는 지금 이 순간을 중요하게 생각해야 한다"고 씌여 있다. 행복은 결과가 아니라 삶의 과정에서 체험하는 것이며, 지금 그 과정을 살고 있는 우리 마음의 태도와 상태에 달려 있다는 것이다. 우리는 미래의 결과에 머물고 있는 행복 프레임을 현재의 과정으로 불러와야 한다. 미래의 이상적인 결과가 아닌 지금 여기에서 느끼는 행복한 경험이 하나둘씩 모일 때 우리가 바라는 행복한 삶이 된다.

여행을 가도 괜찮을지 고민하던 당신. 이제 새로운 행복 프레임을 적용해보자. 어디에 가서 무얼 할지 상상만 해도 행복해지는 여행. 이것이 바로 당신이 현재 이룰 수 있는 행복한 경험이다. 여행은 당신의 행복을 가로막는 방해물이 아니라 행복으로 향하는 계단이다. 여행을 포기하는 것은 당신의 행복을 포기하는 것과 같다. 이제 여행을 떠나보자. 당신이 더 이상 스스로를 꾸짖지 않길 바란다. 또한 자신을 보다 행복하게 만들길 바란다.

혼자서 아무 일 없이 여행할 수 있을까?

혼자 해외여행을 간다니 가슴이 두근거린다. 어떤 풍경을 마주하고, 어떤 음식을 먹고, 어떤 사람들을 만날지 상상할 때면 웃음이 절로 지어진다. 여행을 준비하며 이렇게 즐거운 상상만 할 수 있다면 참 좋겠지만 때로는 불편한 잡념도 떠오른다. 여행 정보를 얻어볼까 하고 다른 사람들의 여행기를 찾다가 갖가지 사건 사고 이야기를 접한다. 관광지에서 길을 잃는 경우는 기본. 장소를 불문하고 들끓는 소매치기와 사기꾼 때문에 여행을 망치기도 한다. 예약해둔 기차나 비행기를 놓쳐 시간도 돈도 잃는 등 여행 중에 크고 작은 불상사를 겪은 사람들이 넘쳐난다.

말도 잘 통하지 않는 외국에서 이러한 문제가 생기면 얼마나 당황스러울까? 제발 나에겐 아무런 일도 벌어지지 않기를 바라지만 벌써 가슴 한구석이 답답해진다. 여행지에 도착하는 순간부터 한국으로 돌아가는 비행기를 타기 전까지 고난과 역경이 될 듯하다. 혼자 무탈히 여행할 수 있을까?

내가 느끼는 불안감의 정체

내가 혼자 여행을 다녀온 뒤 듣는 질문 베스트BEST 3에도 "혼자 가기 안 무서워?"가 꼭 들어간다. 지금 당장 포털 사이트 검색창에 '혼자 여행하기 무서워요'라는 문장을 검색해보라. 수많은 사람들의 증언이 나온다. 여행 정보를 공유하는 온라인 카페에도 혼자 여행하는 두려움을 호소하는 사람들의 글이 심심치 않게 올라온다. 이 두려움 때문에 혼자 여행하지 못하는 자신을 자책하는 사람도 있다. 본인도 스스로가 한심하고 바보 같지만 그래도 무서운 건 어쩔 수 없다면서 말이다. 사실 이러한 마음을 전적으로 이해한다. 나도 혼자 떠나는 여행을 지나치게 무서워한 사람이었기 때문이다.

내 인생에서 가장 두려웠던 순간을 꼽자면 처음으로 혼자서 해외여행을 떠나기 직전이 아닐까 싶다. 비행기를 처음 타보는 데다가, 외국에서 비행기를 환승해야 했기 때문이다. 그때는 여행을 떠나는 즐거움보다 '내가 잘 도착할 수 있을까'라는 두려움이 컸다. 출발 날짜가 다가올수록 걱정은 극에 달해 각종 취소 수수료를 계산하기에 여념이 없었다. 매일 매 순간 여행 취소를 고민했으며, 출발 이틀 전에는 상상 속 공포와 두려움 때문에 새벽까지 잠들지 못하고 눈물로 베갯잇을 적셨다. 출발 당일에는 '죽기야 하겠나, 몸 성히 돌아오는 걸 목표로 하자'고 생각하며 비행기에 올랐다. 물론 나는 아주 멀쩡히 돌아왔다. 여행 중 잃어버린 물건이라고는 보조 배터리 하나뿐이었다.

"혼자 해외여행 가는 거 안 무서워?"

질문을 들을 때마다 나는 항상 "무섭다"고 대답한다. 어디를 다녀왔든, 몇 번 다녀왔든 여행지에서 무슨 일이 벌어질지 모르기 때문이다. 위험 요소를 정확히 알 수 없는 일에 자신 있게 뛰어드는 사람이 얼마나 될까? 사람들이 혼자서 해외여행을 떠날 때 두려워하는 것은 어쩌면 당연한 일이다.

문제는 혼행에 대한 불안감이 여행의 기대감보다 커진 경우다. 극대화된 불안감 때문에 주저하다가 여행을 포기하게 되는 것이다. 많은 사람들이 여행에 도움이 안 되는 불안감을 없애버리고 싶어한다. 하지만 불안은 우리 몸의 본능이라 버릴 수 없다. 그러므로 우리에게는 불안을 다스리며 여행하는 방법이 필요하다.

인지심리학 박사 김경일 교수의 책《지혜의 심리학》에서는 '마음이 편하지 않거나 원하지 않은 상태일 때 경험하는 불안은 서둘러 벗어나고 싶은 강한 욕구를 발생시킨다. 즉, 불안은 그 자체로 끝나는 것이 아니라 그 저편에 지향하는 무언가가 있는 것이다'고 말한다. 여기서 불안을 다루는 방법의 실마리를 찾을 수 있다. 혼행을 두려워하는 우리의 불안은 과연 무엇을 지향하는 것일까. 그 '무엇'을 찾기 위해 우리가 처음 했던 고민으로 돌아가보자.

우리의 고민은 '내가 아무 일 없이 혼자 잘 여행할 수 있을까'였다. 우리는 여행지에서 아무런 일이 일어나지 않는 상태를 지향한 것이다. 그런데 이것이 가능한 일일까? 절대 그렇지 않다. 살면서 무슨 일이 언제 어떻게 벌어질지는 아무도 알지 못한다. 여행지에서 아무 일이 일어나지 않기 바라는 것은 그 누구도 장담할 수 없는 불확실한 일이다. 우리는 지금까지 누구도 통제할 수 없는 불확실성을 두고 불안해하며, 그 불확실한 상황을 우리가 바라는 대로 통제하려 했다. 그러나 불확실성은 우리 손이 닿지 않는 영역에 있는 문제다. 우리는 불가능한 일을 하려 했기에 답을 찾을 수 없었고, 해결하려 할수록 해결될 수 없음을 확인했기에 더 답답해졌다.

혹여 무슨 일이 생길지 모른다는 불안감 때문에 여행을 가지 못하고 있는가. 당신이 고민해야 하는 것은 '내가 아무 일 없이 여행할 수 있을까'가 아니다. 고민과 걱정을 불러일으킨 불확실성의 문제를 '내가 해결할 수 있는가' 고민해야 한다.

내가 지금 해결할 수 있는 일인가

우리는 어떤 문제가 생기면 해결 방법부터 찾는다. 당신이 면접이나 회의 같은 중요한 자리에 가기 위해 지하철을 탔다고 가정해보자. 한참을 가다 몇 시쯤 도착하려나 싶어 확인하니 예상보다 시간이 촉박하다. 그때부터 가슴 한편이 답답해지고 안절부절 어쩔 줄 몰라 한다. 한 정거장, 한 정거장 지날 때마다 지하철 앱으로 시간을 확인하는데 도착 시간은 제자리. 지금이라도 내려 버스나 택시를 탈까 생각해보지만 타러 나가다가 시간이 더 늦어질 것 같다. 당신은 초조함과 불안감에 휩싸여 도착 시간과 현재 시간만 거듭거듭 확인하며 빨리 도착하기만을 바랄 것이다.

여기서 질문. 당신이 초조해하며 빨리 도착하길 바란다고 해서 지하철이 정말 빨리 도착할까? 절대 그렇지 않다. 지하철은 정해진 시간표대로 운행한다. 애초에 당신이 바꿀 수 있는 일이 아닌 것이다. 당신 또한 이미 아무리 덤벼봤자 해결할 수 없다는 걸 잘 알고 있을 것이다. 그러나 통제할 수 없는 문제에 압도되면 그 사실을 까맣게 잊는다. 내가 지금 해결할 수 있는 문제인지 아닌지 따지지도 못한 채 해결 방법만 골몰하다 오히려 수렁에 빠져버린다.

우리는 여행의 불확실성에 어떻게 반응했던가. 여행지에서 사건 사고가 일어날지 모른다는 불안감에 사로잡혀 있었다. 그 불안감에 매몰돼 아무 일도 일어나지 않기를 바랐다. 지금 여기서 우리가 해결하거나 통제할 수 없는 일에 우리는 불필요한 시간과 감정만 소비해왔다. 그렇다면 우리가 당장 해결할 수 없는 일에는 어떻게 접근해야 할까? 스토아학파의 사상가 에픽테토스는 "존재하는 것들 가운데 어떤 것들은 우리에게 달려 있는 것들이고 다른 어떤 것들은 우리에게 달려 있는 것들이 아니다"라고 했다. 우리가 통제할 수 있는 일과 없는 일이 따로 있다는 것이다. 세상에 존재하는 어떤 일들은 내 힘으로 통제하거나 해결할 수 없음을 인식하고, 그 사실을 받아들여야 한다.

여기서 제일 중요한 과정은 '인식'이다. 어떤 문제가 지금 내 힘으로 해결할 수 있는지 아닌지 구분하는 순간 문제에 대한 시각이 달라진다. 내가 통제할 수 없는 일임을 인식하면 더 이상 그 일을 고민하지 않게 된다. 지하철 도착 시각을 내 맘대로 바꿀 수 없음을 인식해야 지하철 앱과의 씨름을 그만둘 수 있다.

마음 한구석에 '그래도 무슨 일이 생기면 어떡하지'라는 불안감이 남았는가? 이렇게 여전히 남은 불안감에 대처하려면 '내가 할 수 있는 일'에 초점을 맞춰야 한다.

내가 할 수 있는 일에 초점 맞추기

어떤 문제에 대한 해답을 찾으려면 그 일이 원만히 해결됐다고 판별할 기준이 있어야 한다. 그 기준 또한 각자가 이룰 수 있는 방법으로 세워야 한다. 배고픈 상황을 예로 들어보자. 우리는 배가 고플 때 무언가를 먹는 방법으로 문제를 해결한다. 그런데 누군가가 파푸아뉴기니의 '무무'로만 허기를 달래야 한다고 정하면 어떻게 될까? 무무는 파푸아뉴기니에서 잔치나 특별한 날에만 먹는 요리다. 땅을 파서 만든 구덩이에 뜨겁게 달군 돌을 깔고 그 위에 바나나 잎으로 싼 닭고기, 돼지고기, 바나나, 얌, 고구마, 아이비카 등을 올리고 다시 뜨거운 돌을 얹어 익혀 먹는다. 그런데 한국에서 얌이나 아이비카는 구하기가 힘들 뿐더러 구덩이를 파 돌을 뜨겁게 달구는 일도 매우 번거롭고 어렵다. 아마 그는 허기진 배를 부여잡고서 오랫동안 힘들게 음식을 준비해야 할 것이다.

다른 예로, 우리는 날씨가 추울 때 '옷을 더 입는다'를 기준으로 문제를 해결한다. 그런데 또 누군가가 이탈리아 피렌체 장인이 한 땀 한 땀 손으로 바느질해 만든 옷을 입어야 한다는 기준을 세우면 어떻게 될까? 아마 그는 자신의 높은 기준에 맞는 옷을 찾으려고 돌아다니다 감기나 저체온증에 걸릴 것이다.

그러므로 어떤 일의 달성 기준을 세우려면 우리가 해결할 수 있는 범위 안에서 수립해야 한다. 우리는 여행에 대한 불안감을 해결하려고 '아무 일도 일어나지 않기'라는 기준을 정했다. 그런데 우리는 아무 일도 일어나지 않도록 상황을 통제할 수 없다. 우리는 그동안 해낼 수 없는 일을 문제 해결의 기준으로 삼고 있던 것이다.

"일어난 일을 수용하는 것은 어떤 불운의 결과를 극복하는 첫 단계이다."

근대 심리학의 창시자 윌리엄 제임스가 한 말이다. 쉽지 않지만 내가 할 수 없는 일은 할 수 없는 것으로 그냥 받아들여야 한다. 당신의 마음속에 불안감을 일으킨 고민이 스스로 해결할 수 있는 일인지 고민해보라. 어떤 문제를 내 힘으로 통제할 수 없음을 인식하는 순간 그 일에 매달릴 이유가 사라진다. 우리는 자신이 할 수 있는 일에 초점을 맞추는 습관을 들여야 한다.

여행을 준비하면서 예매해둔 교통수단을 놓칠까 불안해질 수 있다. 이때 우리는 무엇을 할 수 있을까? 가장 쉬운 방법은 교통수단의 출발 시간과 승강장을 정확히 알아두는 것이다. 승강장을 찾지 못해 놓칠까 걱정된다면 사전 답사를 하거나, 출발 시간보다 넉넉하게 도착하는 것도 방법이다. 또 소매치기나 사기를 당할까 걱정되고 불안해질 때 우리가 할 수 있는 일은 의심스러운 현지인을 경계하며 방심하지 않는 것이다. 소매치기나 사기꾼은 나름의 수상한 특성이 있기 때문이다. 이것은 3장에서 좀 더 자세히 이야기하겠다.

당신이 해결할 수 없는 문제를 붙잡고 걱정하며 불안해할 필요가 없다. 당신이 할 수 있는 일로 시선을 돌려보자.

여행하면
'진짜 나'를 찾을 수 있을까?

요즘은 세계 곳곳으로 여행 다니는 사람들이 정말 많다. 자신의 여행기를 책으로 엮거나 동영상을 남기는 사람도 늘고 있다. 그들을 보면 부럽기도 하고 대체 무슨 돈으로 여행을 다니는지 궁금하기도 하다. 그런데 사실 그보다 더 궁금한 게 하나 있다. 저들은 여행에서 대체 뭘 찾았기에 계속 여행을 다니는 걸까? 여행이란 게 인생을 걸 만한 가치가 있는 행위일까?

간혹 여행을 통해 자아 혹은 진정 원하던 것을 찾았다는 사람을 본다. 그런데 여행은 그냥 먹고 놀면서 여기저기 구경하는 게 아닌가? 과연 여행으로 자아를 찾을 수 있을지 의심되지만 자신 만의 해답을 찾은 듯한 사람을 보면 진짜 여행에 뭔가 있나 싶다. 지금까지 살면서 여러 가지 일을 했지만 나는 어떤 사람이고 뭘 하고 싶은지 알지 못했다. 나도 여행을 가면 진짜 나를 찾을 수 있을까?

여행에 대한 환상

여행기를 담은 책이나 여행 영상에 나오는 이들은 멋진 풍경을 즐기는 행복감을 말한다. 또한 다른 문화권에서 겪는 불편함과 인종차별 같은 어려움을 토로하기도 하며, 여행에서 깨닫게 된 자아 성찰의 이야기도 한다. 여행하며 진정한 자아를 찾고, 본인이 정말로 하고 싶은 일이 무엇인지 찾았다고 말이다. 그런데 이러한 말을 반복해 들을수록 다소 뜬구름 잡는 이야기처럼 들린다. 그저 편히 먹고 놀며 구경하는 재미가 여행의 전부 아니던가. 그러나 생각보다 많은 사람들이 '나를 찾는 여행'에 관심을 갖는다. '나는 어떤 사람이며, 무엇을 하고 싶은지' 모르는 사람이 많기 때문이다.

우리는 각자가 어떤 사람이고, 꿈이란 어떻게 찾을 수 있으며, 꿈을 이루려면 무엇을 해야 하는지 적절한 교육을 받지 못했다. 10대 시절 내내 학교와 학원만 오가는 삶이 전부였는데 20대가 되자마자 세상은 우리에게 무얼 하며 살고 싶은지, 어떻게 살 것인지 묻는다. 쉽게 대답할 수 있는 사람이 몇이나 될까? 우리 대부분은 충분히 고뇌할 시간, 판단에 도움이 될 만한 그 어떤 자원도 제공받지 못했다.

"인간은 노력하는 한 방황하기 마련이다."

괴테의 《파우스트》에 나오는 말이다. 이처럼 우리는 진정한 나를 찾기 위해 노력하지만 어디에서 어떻게 답을 찾아야 하는지는 알지 못한다. 그래서일까. "그럼 너는, 진짜 너를 찾았어? 네가 하고 싶은 걸 찾았어?"라는 물음은 내가 혼자 여행을 다녀온 후 제일 많이 들었던 질문 베스트 3에 포함돼 있다. 나를 찾는 여행. 이것은 내가 여행을 시작하게 된 이유였다. 나는 본래 해외여행은 꿈도 꾸지 않는, 겁 많은 집순이였다. 이국적이고 멋진 풍경은 안전한 이불 속에서 보는 것만으로도 충분했다. 그렇게 집 안에 꽁꽁 숨어 살던 내가 해외여행을 결심하게 된 계기는 직장 생활의 실패였다.

20대 중반, 나는 그토록 바라던 직장에 들어갔지만 일을 잘하기는커녕 동료들과 좋은 관계도 맺지 못했다. 직장 생활을 하기엔 정신적으로 너무 어렸으나 그때는 미처 몰랐다. 그저 평생의 목적을 좇아 준비했던 일이 실패했다는 절망감에만 빠져 지냈다. 그렇게 몇 개월 동안 아무것도 하지 않고 집에 틀어박혀 있던 어느 날, 언제나처럼 인터넷에 올라온 영상을 보며 시간을 때우던 중 한 영상이 눈에 들어왔다. 어두운 밤하늘에 연녹색 파도가 천천히 일렁이고 있었다. 너무나 특별하고 신비한 광경이었다. 이게 대체 무엇이고 어디에서 볼 수 있는지 찾았다. 그것은 아이슬란드의 '오로라'였다.

오로라를 알게 된 후 여행 욕구가 움텄다. 그동안 주변 사람들과 미디어에서 '여행을 다녀오면 삶이 바뀐다, 여행을 통해서만 얻을 수 있는 무언가가 있다, 여행에서 진짜 나를 찾을 수 있다' 같은 식의 이야기를 하도 들어서 여행에 대한 환상을 갖고 있었다. 그래서 아이슬란드로 날아가 오로라를 내 눈으로 직접 보고 온다면 새로운 꿈이 생기고 진정한 나를 찾을 수 있을 것 같았다.

몇 개월 동안 아르바이트를 하며 돈을 벌었다. 그렇게 아이슬란드로 떠났고, 천혜의 풍경과 오로라를 보고 돌아왔다. 내가 진정한 자아를 찾았을까? 찾지 못했다. 그래서 너무 허망했다. 뭇사람들이 여행지 버킷 리스트에 꼭 넣는 아이슬란드에서 오로라를 보고 왔건만 아무것도 달라지지 않았다는 사실에 좌절해야 했다.

무엇이 문제였을까? 정답은 빤했다. 여행에 대해 잘못된 환상을 갖고 있던 것이다. 나는 여행을 갔다 오기만 하면 내가 찾던 나, 즉 내 삶의 목적이나 하고 싶은 일, 꿈, 직업 같은 것을 찾을 수 있을 거라 기대했다. 그러나 여행은 나를 찾을 수 있는 황금 열쇠가 아니었다. 여행 문학의 대가 폴 서루는《여행자의 책》에서 "여행은 마음의 상태이다. 내가 지금 어디에 있는지, 얼마나 이국적인 곳에 있는지와는 아무 관련이 없다. 여행은 거의 전적으로 내적인 경험이다"고 말했다. 어디에 다녀왔는지는 전혀 중요하지 않다. 어떤 것을 경험했느냐가 중요하다.

진정한 '나'를 찾고 싶은가? 여행을 통해 '진짜 나'를 찾을 수 있을지 의문인가? 그렇다면 당신은 지금 여행을 가느냐 마느냐를 두고 고민해선 안 된다. 나를 찾기 위해 무엇을 경험할지부터 고민해야 한다.

나를 찾기 위해 무엇을 경험해야 하는가

프리드리히 니체는《즐거운 지식》에서 "사실 사람은 대상물에서 무엇인가를 이끌어내는 것이 아니라, 그 대상물에 의해 촉발된 자신

안의 무언가를 스스로 찾아내고 이끌어내는 것"이라 말했다. 나는 여행이 요술 방망이쯤 되는 줄 알았다. 내가 하고 싶은 일을 '금 나와라 뚝딱' 하는 심정으로 찾으려 했던 것이다. 그러나 여행에서 나를 찾으려면 내 안에서 촉발되는 어떤 것을 스스로 찾아야만 했다.

여기에 주의해야 할 점이 있다. '나를 찾기 위해 특별한 경험을 해야 한다'는 환상적 오류에 빠지지 않아야 한다. 내가 아이슬란드에서 양털 깎기 체험이나, 고래 포획 반대 활동을 펼치는 엔지오NGO에서 봉사 활동을 했다고 가정해보자. 양털 깎기에 천부적 재능이 있음을 깨달아 업으로 삼았을 수 있었고, 동물 보호에 사명을 갖게 돼 동물 보호 운동가가 될 수도 있었다. 그런데 내가 양털 깎기에 젬병이었다면? 동물 보호는 물론 좋지만 그 일이 내 가슴을 뛰게 만들지는 않음을 깨달았다면? 아마 내 좌절감은 더 컸을 것이다.

제아무리 특별한 경험이라도 나를 찾는 열쇠가 아닐 수 있다. 그러므로 우리는 여행 자체에 초점을 맞춰야 한다. 어떤 특별한 경험과 상관없이, 여행 자체가 우리 안에 존재해온 무언가를 찾도록 돕기 때문이다. 그렇다면 여행의 어떤 특성이 우리로 하여금 스스로를 찾게 도와주는 걸까? 여행에 대해 적은 작가들의 이야기에서 해답을 찾을 수 있다.

첫째, 알랭 드 보통은 《여행의 기술》에서 "여행은 생각의 산파다. 움직이는 비행기나 배나 기차보다 내적인 대화를 쉽게 이끌어내는 장소는 찾기 힘들다. 우리 눈앞에 보이는 것과 머릿속에서 떠오르는 생각 사이에는 기묘하다고 말할 수 있는 상관관계가 있다. 때

때로 큰 생각은 큰 광경을, 새로운 생각은 새로운 장소를 요구한다. 다른 경우라면 멈칫거리기 일쑤인 내적인 사유도 흘러가는 풍경의 도움을 얻어 술술 진행되어 나간다"고 말했다. 새로운 장소를 경험하는 여행은 새로운 생각을 할 수 있도록 돕는다는 의미다.

둘째, 프랑수아 를로르의 《꾸뻬 씨의 행복 여행》에는 "두 사람은 그렇게 침묵 속에 사원 앞에 서서 구름과 태양과 바람이 한순간 산들과 어울려 노니는 것을 바라보았다. 꾸뻬는 이것이 지금까지의 그 어떤 것보다 새로운 배움이라는 느낌이 들었다. 모든 생각을 멈추고 세상의 아름다움을 바라볼 시간을 갖는 것, 그것이 진정한 행복이라는 것을"이라는 대목이 나온다. 여행은 우리를 온갖 강박과 의무에서 벗어나도록 돕는다. 현실에서 해방된 우리는 온전한 세상을 바라보는 새로운 시간을 경험하게 되는 것이다.

마지막으로 제임스 볼드윈은 《산에 올라 고하라》에서 "관점은 여행을 떠나야 비로소 변화한다. 길이 아주 갑자기, 전혀 예상치 못하게, 변명의 여지도 없이 아주 단호하게 방향을 틀거나 급경사로 바뀔 때, 비로소 우리는 다른 곳에서는 볼 수 없었던 그 모든 것들을 보게 된다"고 말한다. 여행은 우리가 지금까지 경험할 수 없던 새로운 관점을 보게 해준다.

이제 모든 이야기를 종합해보자. 여행은 새로운 장소에서 새로운 시간을 경험하는 일이다. 우리가 세상을 바라보는 새로운 관점을 발견하도록 만들어 새로운 생각으로 이끄는 것이다. 여행은 우리의 일상이 주는 것과 비교했을 때 그 탁월성이 극대화된다. 사람은 자신이 있는 공간과 시간을 기반으로 생각한다. 당신은 지금 어디에서 어떤 시간을 보내고, 어떤 관점에서 어떤 생각을 하고 있는가? 많은 사람들이 일하는 공간에 자리하고 삶의 대부분을 일하는 시간에 할애한다. 먹고살기 위해 어쩔 수 없다는 관점 안에서 일에 관련된 활동에 몰두하며 살아간다.

그런데 여행을 떠나면 본질적 공간이 달라진다. 살기 위해 일해야 한다는 당위성이 지배하는 시간과 공간이 아닌, 다른 시간과 공간으로 이동해 생각의 기반이 되는 조건이 바뀐다. 우리는 여행이 주는 새로운 조건 안에서 생각할 때 숨겨진 나를 찾을 수 있다.

그러나 새로운 생각이 가능한 환경에 있다 해서 무조건 새로운 나를 발견하는 것은 아니다. 니체는《인간적인 너무나 인간적인》에서 "분명 체험은 중요하다. 체험에 의해서 사람은 성장할 수 있다. 그러나 갖가지 체험을 많이 했다고 해서 다른 사람보다 무조건 훌륭하다고 말할 수는 없다. 비록 많은 체험을 했을지라도 이후에 그것을 곰곰이 고찰하지 않는다면 무용지물이 될 뿐이다"고 말한다. 체험도 물론 중요하지만, 체험을 통해 얻을 수 있는 개인의 사유를 발견하는 과정이 보다 중요하다는 것이다. 우리는 여행이 주는 새로운 공간, 시간, 관점을 통해 우리가 갖고 있던 지식, 관심, 취향, 사상, 이념을 돌아보게 된다. 그 과정에서 삶을 뒤바꾸는 새로운 사유가 탄생한다.

혼자 여행해야 하는 이유

당신이 자신만의 생생한 사유를 창조하고 싶다면 혼자 떠나야 한다. 타인과 함께 공간과 시간과 관점을 공유하는 순간, 우리는 나 자신만의 사유를 온전히 고찰할 수 없게 되기 때문이다.

여행자는 여행을 계획할 때 자신의 관심에 따라 갈 곳, 볼 것, 할 것, 먹을 것 등을 선택한다. 그런데 타인과 함께하는 여행에서는 타인의 취향도 고려해야 하므로 내 관심사만 내세울 수 없다.

사이토 다카시는《혼자 있는 시간의 힘》에서 "사람들과 함께 있을 때는 온전한 내가 될 수 없다. 왜냐하면 다른 사람을 의식하게 되어 자신의 개성과 성격을 전부 드러내지 못하고 자연스럽게 상대방에 맞추기 때문이다"고 말한다. 우리는 타인과 여행을 떠날 때 타인의 관심사와 취향을 의식하며 계획한다. 대체로 둘 다 좋고, 둘 다 관심이 있고, 둘의 취향에 맞는 곳을 선택한다. 여행하기 전에도 그렇지만 여행하는 중에는 더욱 그렇다. 무엇을 얼마나 보고 얼마나 머물지, 어느 식당에 가서 무얼 먹을지, 숙소에 언제 돌아가서 누가 먼저 씻을지 등의 의견을 조율한다.

그러나 의견을 조율하는 과정이 마냥 순조롭진 않다. 화가 나거나 마음이 상해버리면 기분 좋게 온 여행이 즐겁지 않게 된다. 알랭 드 보통 또한《여행의 기술》에서 "중요한 인간관계 속에 흉건하게 고여 있는 몰이해와 원한이 갑자기 드러나면, 우리의 마음은 화려한 열대의 정원과 해변의 매혹적인 목조 오두막을 즐기려고 하지 않는다. 아니, 즐길 수가 없다"고 이야기한다. 여행은 어디에 있든지와 상관없이 거의 전적으로 내적인 경험, 마음의 상태이기 때문이다.

타인의 존재는 여행에서 새로운 사유를 얻는 경험에도 부정적 영향을 미친다. 폴 서루는 《여행자의 책》에서 "여행자에게 타인은 방해가 될 수 있다. 타인은 자신의 두서없는 인상들을 여행자에게 밀어넣기 때문이다. 말동무가 될 만한 사람들은 여행자의 견해에 방해가 될 것이다. 반면에 지루한 사람들은 '이것 봐, 비가 내리네' 또는 '여기 나무가 굉장히 많은데' 같은 허튼소리로 침묵을 망치고 주의를 흩뜨릴 것이다"라고 말했다.

우리는 여행을 떠나 새로운 공간과 시간과 관점을 경험한다. 여행이 주는 새로운 조건 안에서 우리 안에 숨겨진 사유와 만나게 된다. 그런데 타인은 여행으로 새롭게 형성하던 나만의 사유에 관여하고 그에 맞춰 나의 사유를 가다듬게 만든다. 그러다가 나만의 새로운 사유를 발견할 기회를 아예 잃을 수도 있다. 당신이 여행을 통해 숨겨진 자신을 찾겠다는 목적을 갖고 있다면 혼자 떠나야 한다. 그 누구도 당신에게 영향을 미치지 않도록.

그렇다면 혼자 여행을 갔던 이들은 무엇을 찾았을까? 손미나의 《여행이 아니면 알 수 없는 것들》에는 작가가 14명의 여행자와 나눈 대화가 실려 있다. 먼저 책방을 운영 중인 최인아 대표의 인터뷰를 보자. 그는 혼자 떠난 인도 여행에서 새로운 사유를 발견했다고 이야기한다. 보통 걸인들은 동정을 받아 돈을 얻는데, 인도에서는 걸인들의 태도가 너무 당당했다고. 힌두교는 지금의 삶을 윤회 속 하나로 보는데, 다음 생에 좋은 데서 나려면 이생에서 좋은 업을 쌓아야 한단다. 인도 걸인들은 자신이 상대에게 좋은 업을 쌓는 기회를 준다고 여겨 당당했던 것이다. 이를 계기로 최인아 대표는 자신이 속한 곳에서 옳은 것이 전부가 아님을 깨달았고 조금 더 유연하게 사고하게 되었다고 한다.

《여행이 아니면 알 수 없는 것들》에는 나영석 피디PD의 인터뷰도 나온다. 〈1박 2일〉이라는 TV 프로그램으로 유명세를 얻은 그는 피디직을 내려 놓고 혼자 아이슬란드로 떠나 '내가 진정 원하는 것은 무엇인가'에 몰두하며 과거와 내면을 깊게 살펴보는 시간을 가졌다고. 이를 통해 그동안 외면했던 내면의 욕구에 솔직해지기로 마음먹었다고 증언한다.

나는 혼자 떠난 유럽 여행에서 나만의 사유를 발견했다. 겨울에 떠난 장기 여행이었다. 짐이 너무도 무거워서 이동할 때마다 엘리베이터나 에스컬레이터를 찾았지만 보이지 않았다. 편의 시설을 찾아 헤매면서 '무거운 짐이 있을 때 혼자 이동하는 게 이토록 힘든 일이었구나'라고 생각하는 순간, 장애인의 이동권과 여행권에 대한 단상이 떠올랐다. '이동의 어려움'을 경험하자, 비장애인도 여행이 힘든데 장애인의 여행은 어떨지 새롭게 사유하게 된 것이다.

나는 평소 타인을 돕는 행위, 선한 영향력에 관심이 있었다. 여행을 언제나 두려워했던 나는 혼자 여행하며 담력을 키웠고, 불안과 두려움 때문에 혼자 떠나지 못하는 사람들의 여행으로 시선을 돌릴 수 있었다. 그동안의 여행 경험과 타인에 대한 내 관심사가 촉발되자 '타인의 여행'이라는 새로운 관점이 탄생한 것이다. 나는 내 관심사 및 지향점을 고찰하는 과정에서 '저마다의 이유로 여행에 어려움을 겪는 사람들을 돕고 싶다'는 새로운 삶의 목적을 발견했다.

우리는 여행을 통해 세상을 보는 새로운 눈을 갖게 된다. 혼자 떠나는 여행은 이 시선에 '나 자신만의 사유를 통찰하는 시간'이라는 필터를 끼우는 일이다. 다른 사람에 의한 내가 아닌, 진정한 나를 발견하고 싶은가? 그렇다면 혼자 여행을 떠나 나 자신과 온전히 대면해보자. 여행은 스스로 찾는 자를 돕는다.

영어를 잘 못하는데 혼자 여행해도 될까?

영어. 떠올리기만 해도 가슴이 답답해진다. 10년을 배웠으나 자신 있게 말할 수 있는 문장은 '하우 아 유, 아임 파인, 땡큐 앤 유' 뿐이다. 어쩌다 길 잃은 외국인이 보이면 나한테 말 걸까 싶어 허둥지둥 자리를 피하기 십상이다.

한국에서도 영어로 말하기 힘들어 쩔쩔매는데 해외에 가서는 어떨까? 이국땅에 떨어지는 순간부터 낯선 언어만 들리고 보일 텐데. 과연 외국어를 잘 이해하며 여행할 수 있을까? 예약한 숙소나 여행지를 잘 찾아갈 수 있을지, 소매치기나 사기를 당하게 되면 어떡할지, 길을 잃어 국제 미아가 되는 건 아닌지 하는 여러 가지 걱정에 또 여행을 주저하게 된다. 영어를 잘 못하는데 혼자 여행할 수 있을까?

영어에 대한 부담감

'당신은 영어를 잘하는가?'라는 물음에 '그렇다'고 대답할 수 있는 사람이 얼마나 될까? 대부분의 사람들이 초중고 내내 영어를 배우지만 영어 회화에 자신 있는 사람은 많지 않다. 이것은 비단 우리만의 잘못이 아니다. 우리가 받은 영어 교육은 문법과 독해 위주였기 때문이다. 물론 원어민 수업도 경험했지만 일주일에 한 번, 1시간 정도로 짧았다. 실질적인 듣기, 말하기 실력을 배양하기에 턱없이 부족한 시간이었다. 우리는 영어를 '언어'로 받아들이지 못한 채 어찌어찌 학교를 졸업했다. 그러나 영어는 대입, 취업, 승진에 이어 여행을 앞둔 순간에도 우리의 발목을 잡는다.

포털 사이트나 여행 정보 카페에도 영어를 못하는데 해외여행을 가도 좋을지 묻는 글이 널렸다. 또 내가 혼행을 다녀올 때마다 주변 사람들에게 들었던 질문 베스트 3에도 '영어를 얼마나 잘하느냐'가 포함된다. 내 주변에는 영어 강사도 있고, 영어권에 유학을 다녀온 사람도 있다. 또 개인적인 노력으로 원어민처럼 영어를 구사하게 된 사람도 있다. 영어로 자유로운 소통이 가능한 그들 역시 나에게 혼자 하는 해외여행이 무섭지 않느냐고 물었다.

그러한 질문을 들을 때면 상당히 의아했다. 영어에 능통한 사람이라면 혼자서 씩씩하게 해외여행을 할 거라고 생각했던 것이다. 나는 의사소통에 문제가 없어도 홀로 떠나는 해외여행은 걱정이 되느냐고 반문했다. 그러자 그들은 영어를 자유롭게 구사하는 것과 혼행에 대한 용기는 별개라고 대답했다. 제아무리 영어를 잘해도 해외로의 혼행은 두렵다고 말이다.

영어를 잘해야 해외여행을 갈 수 있다고 생각하는 것은 해외여행과 영어에 대한 우리의 프레임이다. 유창한 영어 실력을 갖춰야만 해외로 떠날 수 있다고 여기는 프레임은 영어 구사가 어려운 현실에 불안함과 두려움을 갖게 한다. 그래서 영어를 못해도 혼자 해외여행을 가도 되는지 자꾸 확인하고, 혼자 해외여행을 다녀온 이들에게 의사소통 문제를 어떻게 해결했는지 묻곤 한다. 이 프레임에 계속 갇혀 있다면 영어를 잘 못해도 괜찮다는 말을 듣더라도 불안감을 떨치기 힘들 것이다.

영어 때문에 해외여행을 떠나지 못하고 주저하는가? 당신이 해야 할 진짜 고민은 영어를 못하는데 혼자 여행을 가도 괜찮을지가 아니다. 좋은 영어 실력이 해외여행을 위한 필수 조건이라는 프레임이 참인지, 거짓인지 검증해야 한다.

영어 실력은 해외여행의 필수 조건인가

뛰어난 영어 실력이 해외여행의 필수 조건이라는 명제가 참일까? 아니면 고정관념일까? 여행을 다녀온 사람들의 이야기 속에서 해답을 찾을 수 있다.

먼저 개그맨 박명수의 경험을 살펴보자. 그는 본인이 진행하는

KBS 쿨 FM 〈박명수의 라디오쇼〉에서 가족과의 이탈리아 여행기를 공개했다. 그는 호텔에 짐을 맡기고 관광에 나서며 '여기에 짐을 맡길 수 있는지' 묻고 싶었단다. 그러나 그는 완벽한 문장을 구사할 수 없었고 "백, 여기 여기, 오케이?"라고 말했는데, 호텔 직원은 찰떡같이 알아들었다고. 직원은 영어 소통이 어려운 손님과 짧은 단어 및 보디랭귀지로 대화하는 일이 흔했기에 바로 이해했던 것이다.

이병률 시인도 그의 책《바람이 분다 당신이 좋다》에서 보디랭귀지와 단어의 조합을 긍정한다. 그는 "그토록 많은 나라들을 다니면서 많은 사람들과 수많은 이야기를 나눈 것은 돌아보면 실로 기적에 가까운 일인 것 같다. 도대체 그게 어떻게 가능했을지, 지금 생각해도 믿기지 않는다. 하지만 사람은 듣고 싶은 마음이 있을 때, 그 어떤 말도 들린다. 겨우 아는 몇 개 안 되는 단어를 동원하거나, 소통이 어려울까 마음을 다해 섬세한 몸짓으로 말을 걸면 거의 모든 사람들은 알아듣고 고개를 끄덕였다"고 이야기한다.

박명수, 이병률. 전혀 다른 이 두 사람은 해외에서 보디랭귀지와 단어 몇 개를 조합했더니 의사소통이 가능했다고 입을 모은다. 사실 이곳에 다 싣지 못할 뿐, 여행을 다녀온 수많은 사람들이 같은 경험을 고백한다. 외국인과의 대화에서 완벽한 영어가 필수는 아니기 때문이다.

나는 4, 5년 전 신촌에서 길을 물어보는 외국인을 만난 적 있다. 아직도 그 일이 선명하게 기억나는 이유가 있다. 그가 종이로 된 지하철 노선도를 보여주면서 "앤쿡! 앤쿡!"이라는 말만 앵무새처럼 반복했기 때문이다. '앤쿡'을 찾는 것 같긴 한데 대체 앤쿡이 뭘까 고심하던 중 '안국'이라는 단어가 번쩍 떠올랐다. 내가 "아, 안국!"이라고 말하자 그는 고개를 마구 끄덕였다. 안국역에 가야 하는데 가는 방법을 모르는 듯했다. 신촌역과 그를 가리키며 "you here 신촌, is Line two(당신이 있는 여기 신촌은 2호선이고요)." 하고 말한 뒤, 지하철 노선도의 안국역을 가리키며 "this 안국, 안국 is Line three(여기, 안국은 3호선이에요)." 하고 말했다. 그리고 을지로3가역을 가리키며 "you, transfer, 을지로3가. OK(당신은 을지로3가역에서 갈아타야 해요. 알겠지요)?" 하며 신촌역에서 안국역까지의 경로를 손가락으로 이어주자, 노선도를 바라보던 그는 연신 고개를 끄덕이며 "땡큐, 땡큐!" 하고 떠났다. 그도, 나도 완벽한 영어를 구사하지 못했지만 소통이 됐던 경험이다.

주어, 동사, 목적어, 보어 등이 들어간 완벽한 문장으로 이야기하지 않아도, 손짓 발짓을 섞어가며 이야기하면 의사소통은 가능하다. 완벽한 영어 문장은 조금 더 빠른 이해를 돕는 조건일 뿐이다.

다시 고민의 원점으로 돌아가보자. 우리는 그동안 해외여행을 가려면 영어를 잘해야 한다고 가정해왔다. 그러나 영어를 잘하지 못해도 여행을 다녀온 이들의 경험과, 부족한 영어 실력으로 외국인과 소통했던 나의 경험은 무엇을 말해주는가? 영어를 못해도, 완벽한 문장을 구사하지 않아도, 짧은 영어와 보디랭귀지로도 외국인과의 의사소통이 가능함을 검증해준다. 그러므로 좋은 영어 실력이 해외여행의 필수 조건이라는 명제는 거짓 명제다.

완벽한 영어 실력이 필요하지 않음을 알았다 해도 '영어를 잘 못하면 여행 중 여러 상황을 해결하기 힘들 것이다'라는 두려움이 끈질기게 당신을 괴롭힐 수 있다. 그렇다면 이를 위해 할 수 있는 일은 영어 공부밖에 없다. 이때 선택과 집중을 해야 한다. 바로 진짜 써먹을 수 있는 영어에 말이다.

진짜 써먹을 수 있는 영어 익히기

많은 여행자들이 해외여행을 위해 영어 공부를 하면서 말하기에 초점을 둔다. 현지인과 소통하려면 영어로 말해야 한다는 판단 때문이다. 나 역시 영어 회화 문장을 가능한 많이 외었다. 그런데 막상 외국에 도착하고 보니 말하기보다 듣는 게 문제였다.

MBC every1 채널에서 인기리에 방송되고 있는 〈어서 와~ 한국은 처음이지?〉 '프랑스 편'에서는 한국어 회화 책으로 한국인과 소통하려는 프랑스인들이 나왔다. 그들은 택시를 타고 이동하던 도중 회화 책을 보며 "가는 데, 시간이, 얼마나, 걸리나요?" 하고 떠듬떠듬 질문했지만 "30분"이라고 대답하는 택시 기사의 말을 알아들을 수 없었다. 책을 보며 현지어로 질문은 했어도 대답까지 이해할 순 없던 것이다.

해외에서 현지인에게 질문하는 것은 어렵지 않다. 회화 책의 문장을 외워 말하거나, 보고 읽거나, 손가락으로 가리키며 보여주면 된다. 또 번역 앱을 사용하는 것도 편리하다. 번역된 문장을 외워 말하거나, 그대로 읽거나, 번역된 화면을 보여주면 되니까. 문제는 현지인의 대답을 이해하는 것이다. 책을 참고하더라도 현지인의 대답과 책 속 예문은 다를 수 있다. 스마트폰 번역 앱을 활용해도 정확히 번역하지 못할 수 있다. 결국 우리 귀로 영어를 이해해야 하기 때문에 듣기를 공부해야 하는 것이다.

모든 언어는 단어가 모여 문장을 만들어내므로 아는 단어 몇 개를 듣고서 문장의 의미를 어느 정도 추측할 수 있다. 단어를 많이 외워야 한다는 부담 따위는 버려도 된다. 우리가 여행지에서 당면하는 상황은 한정돼 있기 때문이다. 상점에서 물건을 구입하거나, 식당에 들어가 음식을 주문하고 계산하거나, 어디로 어떻게 가야 하는지 묻는 경우가 대부분이다. 그러므로 여행에서 많이 쓰는 필수 단어를 먼저 익혀야 한다. 시중에 나와 있는 여행 영어 책에는 공항, 숙소, 상점, 음식점, 대중교통, 관광지, 위급 상황 등에서 여행자가 필수로 알아야 하는 단어가 수록돼 있다. 펼쳐보면 아마 대부분 알고 있는 단어일 것이다. 그러나 단어를 보고 1초 안에 그 뜻이 떠오르지 않는다면 외워야 한다. 뜻까지 알고 있는 단어라도 원어민 발음을 들었을 때 곧바로 알아들을 수 있는지 확인해보자. 영어가 소통의 전부인 상황에서는 뜻이 바로 떠오르지 않기 때문이다.

예를 들어 공항에서 짐을 부칠 때 직원이 "Is that/it a carry-on bag?"이라고 물어볼 수 있다. carry-on bag은 휴대용 가방이다. 우리가 들고 있는 가방을 보고 수하물로 부치지 않고 가져갈 생각인가 싶어 "그거 휴대용 가방이니?"라고 물어보는 것이다. 이렇게 해석을 보면 뜻을 알 수 있지만 carry-on bag은 익숙한 영어 단어가 아니다. 지금처럼 문장이 눈에 보일 때는 천천히 생각할 수 있으나 현지인의 발화 속도는 교재의 듣기 자료처럼 느리지 않다. 외국인이 빠르게 말하고 나면 생각이 정지된다. 머릿속에서 '이즈 댓 어 캐리 온 백'을 되뇌며 캐리 온 백이 휴대용 가방이었음을 인지한 뒤에야 "Yes, it is(네, 맞아요)." 하고 대답하게 된다.

직청, 직해가 힘들다면 단어 몇 개의 뜻으로 의미를 추측할 수밖에 없다. 그래서 단어를 바로 알아듣고 바로 이해하는 게 중요하다. 만약 주요 단어쯤은 그 의미를 바로 떠올릴 수 있다면 다음 단계로 넘어가라.

두 번째는 진짜 써먹을 수 있는 '덩어리 표현'을 익히고 아는 단어와 조합하는 것이다. 다음 문장을 예로 들어보자. '그게/이게 ~이니?'를 뜻하는 표현 "Is that/it a~?"은 생각보다 많이 쓰인다. 지정 좌석제인 비행기나 기차에 앉아 있을 때 외국인이 "Is that your seat(여기 당신 자리 맞나요)?" 하고 물을 수 있다. 또 상점에 진열된 물건을 사고 싶을 때 새 상품인지 궁금하다면 "Is it a new product(이거 새 제품 맞나요)?" 하고 물을 수 있다. 위 의문문에서 주어와 동사를 바꾸면 평서문으로 만들어 대답하거나, 그에 해당하는 대답을 들을 수도 있다. 네 자리가 맞냐는 질문에는 "Yes, it is my seat(네, 제 자리 맞아요)." 하고 대답하거나, 새 상품이 맞느냐는 질문에 "Yes, it is a new product(네, 새 상품 맞습니다)." 하는 대답을 들을 수 있다.

덩어리로 된 표현과 우리가 아는 단어를 조합하면 문장을 쉽게 만들 수 있다. 여행 영어 책에서 자주 나오는 상황 표현을 찾아 외우자. 듣는 순간 의미가 생각날 수 있도록 익히고 또 반복해 말해보자. 그다음에는 단어 한두 개만 바꿔 새로운 의미의 문장을 만들어보라. 그 표현에 익숙해진 후 평서문이든 의문문이든 주어와 동사의 위치를 바꿔보라. 이렇게 영어를 한국어로, 또 한국어를 영어로 바꾸는 과정을 반복하면 익숙한 표현은 듣자마자 뜻이 해석된다. 귀와 입에 익은 표현은 자연스럽게 툭툭 말하고 들을 수 있게 된다.

영어는 쉽지 않다. 그렇다고 아예 포기할 순 없다. 할 수 있는 것부터 천천히 외워보자. 외운 것을 가지고 조금씩 적용해나가면 영어가 자연스럽게 귀에 들어오고 입에서 나오게 될 것이다.

만화 〈슬램덩크〉에는 "왼손은 거들 뿐"이라는 유명한 대사가 나온다. 영어가 해외여행의 필수 조건은 아니지만 우리의 여행을 조금 더 편안하게 돕는 건 사실이다. 귀찮고 힘든 과정이지만 여행 전 걱정을 좀 덜고, 여행지에 가서도 더욱 편하게 다닐 나를 위해 공부하자.

혼행러를 위한 꿀팁

다양한 여행 책 읽기

혼자 떠나는 해외여행을 결심했는가? 여행할 나라까지 정했다면 그곳의 정보를 습득할 차례다. 여행할 나라를 정하지 않았더라도 괜찮다. 다양한 정보를 살펴보며 가고 싶은 곳을 찾으면 된다.

해외여행 정보는 인터넷으로도 찾을 수 있지만 가이드북이 큰 도움을 준다. 해외여행 경험이 풍부한 여행 전문가들이 만들어 객관적이고 정확하며 최신 정보가 담겼기 때문이다. 가이드북에는 각 나라 및 도시의 특성, 문화에 대한 배경 지식부터 교통수단, 관광 명소, 숙박 시설, 음식점 등의 필수 정보가 상세하게 설명돼 있다. 여행지를 미처 고르지 못한 사람이 취향과 관심사에 적합한 곳을 선택하도록 돕고, 여행지를 결정한 이에게는 다양한 정보를 제공한다.

가이드북은 때로 위기에 처한 여행자를 구하기도 한다. 내가 스위스에서 겪은 일이다. 스위스는 북쪽으로는 독일, 서쪽으로는 프랑스, 남쪽으로는 이탈리아를 접경국으로 두고 있다. 가이드북에서는 스위스에 자국어가 없어 접경국 언어를 사용한다고 적혀 있었다. 그래서 중부와 북부는 독일어, 서부는 프랑스어, 남부는 이탈리아어를 쓴다. 동부 산악 지대 일부 지역에서는 로망슈어라는 언어를 쓰는데 인구의 약 1퍼센트 정도가 사용한다고. 또 스위스는 식대가 높아서 여행자들이 식당보다는 슈퍼마켓을 많이 이용하는데, 'COOP쿱'이라는 슈퍼마켓이 가격도 저렴하고 지점도 많아 한국인 여행자들 사이에서 유명하다. 하루에 한 번은 꼭 가야 한다며 '1일 1쿱'이라는 우스갯소리가 있을 정도다. 미국식 영어에 익숙한 한국인은 COOP을 '쿱'으로 발음한다. 그런데 가이드북에서는 스위스 인구의 약 70퍼센트가 독일어를 사용하고 COOP은 독일어로 '콥'이라 발음하므로, 현지인에게 쿱의 위치를 물어볼 때는 '콥'이라 발음하는 게 좋다고 쓰여 있었다. 한국에서는 그저 '재미있는 사실이네'라며 넘어갔지만 스위스에서 문제가 생겼다.

다른 도시를 당일치기로 다녀온 뒤 숙소로 돌아오는 길이었다. 저녁을 먹지 못해 쿱에서 식료품을 살 예정이었으나 열차가 연착돼 버렸다. 가장 가까운 쿱의 영업 마감까지 10분도 남지 않은 상태. 구글맵으로 경로를 검색하자 한참 돌아가는 길만 나왔다. 10분이 넘는 거리였다. 잠시 고민하던 나는 밑져야 공복이라 여기며 발을 뗐다. 길에 들어서자 불빛 하나 없이 어두컴컴했다. 덜컥 겁이 났다. 갈까 말까 고민하는데 어떤 남자가 내 앞으로 지나갔다. 밥을 굶게 되더라도 끝까지 가보자는 생각에 그의 뒤를 따랐다. 나보다 몇 걸음 앞서 걷던 남자가 힐끔힐끔 뒤돌아보더니 내게 어디에 가느냐고 물었다. 나는 쿱에 가는 길이라고 대답했다.

"쿱? 쿱?"

그는 도통 모르겠다는 표정을 지었다. '왜 모르지?' 싶던 그때, 가이드북에서 봤던 내용이 번쩍 떠올랐다.

"아! 콥, 콥!"

"오, 콥!"

내가 서둘러 정정하자 그도 단번에 이해했다. 그는 이 길을 따라 직진하면 돌아가야 하니, 조금 더 가다 옆쪽 지하도 위로 올라가라고 말했다. 그 위에 쿱이 있다고 말이다. 그와 몇 마디를 나누며 길을 걷다 보니 정말 지하도가 나왔다. 그와 인사를 나누고 지하도 위로 올라간 나는 쿱이 영업을 마치기 전에 식료품을 살 수 있었다. 가이드북을 읽지 않았다면 나는 그와의 대화에서 고전하다 길을 돌아가고 끼니도 거르지 않았을까. 쿱이나 콥이나 별 차이도 없는데 왜 못 알아듣나 싶었지만, 다시 생각해보면 논과 눈 같은 느낌이랄까. '논에 가고 있어'와 '눈에 가고 있어'라는 말은 완전히 다르니까 말이다.

어찌 됐든 가이드북에 쓰인 대로 스위스의 중부와 북부에 사는 현지인들은 독일어로, 서부에 사는 현지인들은 프랑스어로, 남부에 사는 현지인들은 이탈리아어로 각각 인사말을 건네왔다. 가이드북에서 이미 접했던 정보라서 자연스럽게 받아들일 수 있었다. 나 역시 각 지역의 인사말로 답하자 좋은 효과를 얻기도 했다. 이처럼 가이드북에서 안내하는 나라 및 도시의 특성이나 문화는 여행지에서 요긴하게 쓰인다. 언제 어디서 어떻게 당신을 구원할지 모르니 가이드북을 꼼꼼히 살펴보자.

두 번째로 살펴볼 것은 여행 에세이다. 여행 에세이에는 전 세계 여행자들의 실제 경험과 느낌이 생생하게 담겼다. 우리는 그들이 성공하고 실패한 이야기를 통해 여행자가 해보면 좋을 것과 해선 안 될 것을 배운다. 또한 여행 에세이는 우리가 미처 알지 못하거나 생각하지 못한 경험에 대해 도전적 메시지를 던져준다. 어느 여행자가 겪은 즐겁고 신나는 경험을 보며 우리도 그 감정을 똑같이 느끼고 싶어 하는 것이다.

이병률의 여행 산문집《끌림》에는 작가가 멕시코 여행 중 이발소에 들른 에피소드가 나온다. 작가는 이발소에서 곤살레스라는 이발사를 만나 완벽한 이발을 경험한다. 특히 면도가 제일 좋았다고. 곤살레스는 손님이 각기 다른 세 가지 향기를 직접 맡은 후 맘에 드는 비누를 고르도록 했다. 작가는 본인이 선택한 비누로 머리를 감겨주는 이발사의 태도에서 자신의 머리카락과 수염이 존중받는 느낌이 들었단다. 다음날 아침 이발소의 달큼한 비누 향이 자신을 맞아주었다고 말하며 이병률 작가는 이야기를 마친다.

나는 작가가 들른 이발소에 찾아가는 상상을 해봤다. 수많은 사람들이 걸쳤을 가운을 입고, 처음 만나는 외국인에게 내 머리를 맡기는, 조금은 두렵지만 은근히 설레는 그 느낌. 라디오에서는 알아들을 수 없어도 은근히 취향에 맞는 노래가 흘러나오고, 머리카락은 삭삭 하고 정갈한 소리를 내며 깎인다. 이발사가 움직일 때마다 언뜻언뜻 기분 좋은 향이 풍긴다. 물론 나는 수염이 없으므로 아쉽지만 면도는 못 할 테지. 어쨌거나 '외국에서 머리칼 잘라보기'는 내 버킷 리스트가 됐다. 이처럼 우리는 타인의 즐거운 에피소드를 통해 그간 생각해볼 수도 없던 일에 관심을 두고 도전하게 된다.

독서는 다른 사람의 생각을 들여다볼 수 있어 유익하다. 사람은 본인의 지식, 관심, 취향, 사상, 이념 등을 바탕으로 생각한다. 다른 사람의 생각이 담긴 글을 보면 다른 사람이 가진 지식, 관심, 취향, 사상, 이념 등을 알게 된다. 독서를 통해 나 혼자선 가 닿지 못하던 것들에까지 생각이 확장된다. 그래서 독서는 앉아서 하는 여행, 여행은 서서 하는 독서라는 말이 있는 게 아닐까. 모쪼록 다양한 여행책을 읽으며 여행에 대한 지식과 기술을 익혀보라. 이 경험은 당신의 여행을 조금 더 즐겁고, 다채롭고, 유익하게 만들어줄 것이다.

CHAPTER 2

여행 계획은 어떻게 세우지?

이 나라도 좋고
저 도시도 좋다는데
어디로 갈까?

막상 혼자 해외여행을 떠나기로 결심했더니 어디로 가야 할지 모르겠다. 누구는 세계적으로 유명한 몇몇 도시를 다녀왔는데 정말 좋았다 하고, 또 누구는 어느 나라 곳곳을 누볐는데 참 좋았다 하고, 다른 누구는 어느 도시에서 한 달을 살았는데 평생 못 잊을 기억이라고 한다. 여행을 떠난다니 주변에서 추천하는 여행지가 한두 군데가 아니다. 유네스코나 BBC, CNN 같은 유명한 매체에서 선정한 아름다운 여행지, 이런저런 미디어와 SNS에서 추천하는 인생 여행지는 왜 이렇게 많은지 모르겠다. 이왕 큰 돈 쓰기로 결정한 거 진짜 후회 없을 곳에 가고 싶다. 정말 기억에 오래오래 남을 인생 최고의 여행지에 가고 싶은데, 대체 어디로 가는 게 좋을까?

누군가의 인생 여행지가 내게도 좋을 확률

여행 갈 마음을 굳혔다면 이제 '어떤 나라, 어느 도시에 갈까'라는 고민이 생긴다. 평소 염두에 둔 여행지가 없던 사람은 물론이고, 이미 꿈꿔온 여행지가 있던 사람 또한 이왕 가는 김에 근처 다른 도시나 나라까지 가볼까 고민한다. 해외여행이 처음이라 특별히 가고 싶은 여행지가 없는 사람이라면 한국과 비슷한 문화권을 찾는 것도 좋다. 익숙한 것은 거부감이 덜 들고, 부정적인 경험을 할 가능성도 비교적 낮기 때문이다. 처음 경험한 해외여행이 얼마나 만족스러웠는지에 따라 이후 여행이 달라진다.

일상생활에서 청결을 가장 중요시하는 지인이 있다. 그런데 그의 첫 해외여행지가 하필 위생 상태가 별로인 나라였다. 가기 전부터 지저분한 환경이 걸렸지만 소중한 친구의 결혼식이라 갈 수밖에 없었다. 그는 결혼식 전후로 함께 간 친구들과 도시를 구경했으나 거리나 음식점이 깨끗한지 신경 쓰여 즐기지 못했다고. 이후 해외여행 자체가 꺼려진다고 했다. 이처럼 첫 여행이 어땠느냐는 다음 여행을 결정하는 데 큰 영향을 준다. 첫 해외여행을 편하고 즐겁게 다녀오기 위해 여행자가 고려해야 할 사항 세 가지를 소개한다.

첫째, 자신이 평소 청결한 환경을 얼마나 중요하게 여기는지 살피자. 동남아권과 중동권의 몇몇 나라는 위생 관념이 우리와 매우 다르다. 이것저것 다 만진 맨손으로 음식을 만들기도 하고, 숙소나 식당에서 벌레가 출몰할 수도 있다. 이를 색다른 경험으로 받아들일지, 여행 내내 불편하게 여길지는 본인의 성향에 달렸다. 앞서 언급했던 나의 지인은 위생 개념이 남달리 청결한 나라에 다녀온 뒤 해외여행의 즐거움에 빠졌다.

두 번째로 따져볼 것은 해당 나라의 식문화다. 여행에서는 먹는 것도 큰 즐거움이다. 그런데 낯선 향신료나, 도통 먹기 힘든 식재료를 사용한 요리가 대다수라면 여행을 망치기 십상이다. 요즘에는 아프리카에도 한식당이 있다지만, 여행은 그 나라의 식문화를 체험하는 데에도 의미가 있지 않은가. 기왕이면 현지의 음식도 맛있게 먹고 와야 즐거운 경험으로 남을 것이다.

셋째, 현지의 대중교통도 여행자에게는 매우 중요하다. 비교적 작은 땅덩어리에 다양하고 촘촘한 교통 시스템을 갖춘 우리나라의 대중교통에 익숙해져 있다가 해외에 나가면 불편함과 답답함이 이만저만 아니다. 게다가 현지 사정이 우리나라보다 한참 못하다면 그 스트레스는 엄청나다. 비위생적이거나 협소해서 놀랄 수 있고, 운행 지연 및 중지에도 나 몰라라 하는 직원을 만날 수도 있다. 이러한 상황을 경험하고 나면 무심코 누려온 환경에 감사한 마음이 생긴다.

여행지에 대한 인상은 다양한 요소들이 모여 만든다. 그중에서도 이동과 음식은 여행자에게 필수적인 요소다. 첫 해외여행을 생소한 식문화에 교통마저 불편한 곳으로 떠난다면 여행 자체가 고행이 되어 쉽사리 지칠지도 모른다. 물론 평소 위험과 모험을 즐기는 이라면 처음부터 과감한 시도를 해도 좋다. 그 여행에서 인생의 전환점을 맞이할 수도 있고 말이다. 여행 에세이 작가 피코 아이어가 "모든 훌륭한 여행은 사랑과 마찬가지로 자기 자신으로부터 옮겨져 공포와 경이의 한가운데에 놓이는 것이다"라고 말한 것처럼.

이제 우리의 고민으로 돌아가보자. 우리는 여행지를 선택할 때 무수히 많은 정보를 접한다. 그런데 가까운 지인이나 객관적인 미디어에 의한 추천이 마냥 좋지는 않다. 주변 사람들에게 듣는 여행지에 대한 평가는 사실 주관적으로 만들어진 결론일 뿐이다. 여행자가 어떤 기질을 가졌는지, 여행 당시 컨디션이 어땠는지, 현지 날씨가 좋았는지, 여행에서 어떤 일을 겪었는지, 이전에 해외여행 경험이 많았는지 등 셀 수 없는 요인들이 합작해 그려낸 결과다. 죽기 전에 꼭 가야 한다는 여행지들은 오직 멋진 풍경이라는 조건만 보고 선정된 결과다. 그곳에 어떻게 갈 수 있고, 비용은 얼마나 발생하고, 가는 데 무엇이 필요하며, 어떤 위험 요소가 있는지는 전혀 고려하지 않은 곳이 대부분이다.

누군가에게 가장 좋았던 곳이 나에게도 과연 좋을지는 알 수 없다. 여행지에 대한 감상은 그곳을 찾은 사람의 성향과 여행지가 가진 요소가 만나, 우리가 통제할 수 없는 우연성까지 얽히고설켜 만들어진다. 나의 여행은 다른 사람의 여행과는 전혀 다를 수 있다. 그러므로 여행지를 선택할 때에는 내가 선호하는 것이 무엇인지 알아야 한다. 그를 기반으로 내가 사랑하게 될 여행지는 어디일지 고심해보자.

내가 사랑하게 될 곳은 어디일까

프랑스에 있는 몽생미셸Mont-Saint-Michel은 바위섬에 지어진 수도원이다. 만조 때에는 바다 위에 홀로 떠 있다. 그 고풍스러운 분위기와 수평선 위에 우뚝 선 모습이 신비로움을 자아낸다. 소설가 빅토르 위고는 "사막에 피라미드가 있다면 바다에는 몽생미셸이 있다"고 말했다. 몽생미셸은 특유의 묘한 분위기 덕에 애니메이션 〈라푼젤〉 속 코로나 왕국과 〈하울의 움직이는 성〉의 모티브가 되기도 했다. 우리나라에서는 JTBC의 〈더 패키지〉라는 드라마의 촬영지로 더욱 알려졌다.

그런데 몽생미셸은 파리에서 남서쪽으로 약 360킬로미터 거리에 있다. 약 400킬로미터 떨어진 서울-부산 거리와 비슷한 수준이다. 파리 도심과 꽤 떨어져 있는 까닭에 몽생미셸은 프랑스 자유 여행자들의 큰 딜레마다. 수도원 하나 보려고 시간과 비용을 들여야 할까 고개를 갸웃하면서도 그 풍경을 실제로 본 이들 대부분 칭찬 일색이니 고민될 수밖에. 실제로 몽생미셸은 프랑스에서 루브르 박물관 다음으로 여행자들이 선호하는 인기 여행지다.

그렇다면 파리에서 몽생미셸까지 어떻게 갈 수 있을까? 자동차를 이용하면 왕복 8시간이 걸린다. 대중교통은 더 불편하다. 파리에서 플릭스버스Flixbus를 타고 갈 수 있으나 운행 요일이 정해져 있을 뿐더러 하루에 2~4편 정도밖에 운영하지 않는다(2020년 3월 기준). 플릭스버스 외에는 파리에서 몽생미셸까지 환승 없이 가는 대중교통이 없다. 플릭스버스와 일정이 맞지 않는다면 캉이나 렌, 생말로까지 기차를 타고 가서 버스를 갈아타야 한다. 이때 초고속 열차인 테제베TGV를 타지 않을 경우 이동 시간이 더 늘어나는데 열차표는 매우 비싼 편이다. 환승 버스도 하루에 대여섯 편에 불과하고 계절에 따라 시간표도 달라지니(2020년 3월 기준) 신경 쓸 일이 한두 개가 아니다.

그래서 몽생미셸에 갈 때는 투어를 이용하는 사람들이 많다. 편하게 차를 타고 이동하며 안내받는 데다, 투어 종료 후 숙소 앞까지 데려다주기 때문이다. 그러나 몽생미셸만 다녀오는 여행 업체는 없고(2020년 3월 기준), 투어는 내가 머무르고 싶은 만큼 머무르지 못한다는 최대의 단점이 있다. 투어는 맘에 들지 않고 대중교통은 번거로워 렌터카로 다녀오는 사람들도 있다. 그러나 렌터카 또한 장시간 운전, 렌트 비용, 외국의 운전 법규 등 고려해야 할 사항이 많다. 이처럼 혼자서 몽생미셸에 가는 길은 매우 험난하고 고되다.

짧은 시간 안에 많은 것을 보기 원하는 여행자라면 몽생미셸은 꽤 부담되는 곳이다. 파리와 그 인근만 해도 볼 것이 넘쳐나기 때문이다. 그래서인지 포털 사이트나 유럽 여행 커뮤니티의 프랑스 관련 질문에는 '몽생미셸 꼭 가야 하나요? 안 가면 후회하나요? 가보신 분 어땠나요?' 같은 글을 흔하게 볼 수 있다. 질문에 답하는 사람들 반응은 극과 극이다. 어떤 사람은 덩그러니 있는 수도원 빼고는 온 사방이 휑하니 볼 것 없다며 괜히 시간만 버렸다고 한다. 또 누군가는 돈이 아깝지 않을 정도로 환상적이었다며 더없이 탁월한 여행지라고 답한다.

몽생미셸에 꼭 가야 되는지, 안 가면 후회하는지, 실제로 보면 기분이 어떤지에 대한 답은 저마다 다를 수밖에 없다. 사람에 따라 어떤 경험에 대해 만족하는 요건이 다르기 때문이다. 내가 가진 무엇을 조금 잃더라도 긍정적 가치를 부여할 만한 대상을 누구나 갖고 있다. 어떤 사람이 몽생미셸을 보고 실망했다면 이곳은 그가 사랑할 조건을 갖춘 여행지가 아니었을 뿐이다. 그러나 몽생미셸과 사랑에 빠진 사람에게 이곳은 시간과 비용이 드는 결점도 한순간에 잊을 만큼 만족스러운 장소다. 누군가가 여행지에서 사랑에 빠질 만한 결정적 요인을 발견했다면, 그 여행 중 겪은 불운쯤은 덮어두고 인생 여행지였노라 고백하게 된다.

우리를 100퍼센트 만족시킬 여행지는 없다. 어느 곳에나 우리를 당혹케 만들 요소가 도사리고 있겠지만, 그럼에도 우리를 만족시킬 결정적 조건을 갖췄다면 우리는 그곳을 사랑하게 될 것이다. 아쉬움조차 사랑하게 될 여행지를 냉정과 열정 사이에서 선택해야 한다.

냉정과 열정 사이의 선택

후회 없는 여행지를 선택하려면 어떻게 해야 할까? 먼저 본인이 중요하게 여기는 요소의 우선순위부터 정해야 한다. 여행지의 요소에는 자연 풍광, 치안, 이동 시간과 경비, 교통 편리성, 물가, 깨끗한 환경 등이 포함된다. 이 가운데 당신의 우선순위를 매겨보라. 순위 정리를 마치면 가고 싶은 나라나 도시를 열정적으로 찾아보라. 이후 당신이 선택한 여행지가 가진 요소와 당신의 우선순위가 얼마나 부합하는지 냉정하게 판단해야 한다.

머릿속으로 막연하게 생각하면 더 어렵다. 한눈에 쏙 들어오는 표로 정리해보자. 표는 세로 칸에 여행지 목록을 적고, 가로 칸에 우선순위를 적는 것이 편하다. 표에서 요소의 만족도에 따라 '○, ×, △'나 '높음, 낮음' 등으로 표시하라. 표를 완성하면 어떤 여행지가 당신에게 더 적합한지 보일 것이다. 싫어하는 요소가 많은데도 꼭 가고 싶은 여행지가 있을 수 있다. 그곳을 향한 열정이 당신의 우선순위를 뒤집은 것이다. 평소 당신의 성향을 고려하면 망설이는 게 당연하겠지만 그렇다고 자꾸만 끌리는 마음을 무시할 수도 없는 노릇이다. 열정과 냉정의 갈림길에서 때로는 열정을 선택하게 될 때 너무 두려워하지 말자.

기대하지 않으면 실망도 없다는 말이 있다. 이미 부정적 사건을 예상하고 있기에 실제로 좋지 않은 일이 벌어져도 심리적 타격이 크지 않다는 의미다. 어떤 곳에 가고자 하는 열망이 다른 요소보다 우선하면, 당신은 그곳을 사랑하게 될 것이다. 당신의 열정과 욕망이 그곳의 어떠한 결핍마저도 추억으로 만들 것이기 때문이다. 그러나 결정 이후에도 걱정은 계속될 수 있다. 내가 진짜 그곳을 즐길 수 있을까, 그곳을 사랑할 수 있을까 하는 염려 때문이다. 그러므로 그곳이 당신이 선호하는 여행 요소를 얼마나 갖고 있는지 더 따져보고 더 냉정하게 판단하라. 만약 당신이 좋아할 만한 것이 조금이라도 있다면 가도 괜찮다. 본인이 좋아하는 요소를 즐기는 시간에 보다 집중하면 되니까.

나는 런던에서 위와 같은 경험을 했다. 멋지고 세련되며 고풍스러운 도시도 좋지만, 그보다 내가 더 선호하는 여행 요소는 광활하고 푸른 자연 경관이다. 그러한 내게 런던은 아주 매력적인 여행지는 아니었다. 어쨌거나 런던은 유럽을 대표하는 도시다. 그저 런던을 아는 것과 런던에 실제 가보는 것은 천지 차이가 아닐까. 고민을 거듭하다 결국 런던에 가기로 결정했다.

물론 런던은 매력적인 도시였다. 사진으로 봤던 영국 특유의 분위기, 미술 교과서에서 배운 걸작들, 오랜 역사를 가진 건물 등에 시선을 빼앗겼다. 그러나 내게 가장 큰 행복을 준 시간은 유명 관광지를 돌며 사진을 찍던 때가 아니라, 런던의 자연에 머물던 순간이었다. 버킹엄 궁전 근처에는 런던에서 가장 오래된 공원인 세인트 제임스 파크가 있다. 이곳 호수에 사는 백조, 오리 등은 물 위를 헤엄치거나 호숫가를 걸어 다닌다. 나는 새들과 나란히 걷거나 호수에 떠다니는 새들을 바라보며 여유를 부렸다. 바람에 나뭇잎이 부딪히는 소리, 지저귀는 새소리를 들으며 한가로운 시간을 보냈다.

또한 리젠트 파크는 런던에서 가장 넓고 아름다운 공원으로 런던 시민들이 애정하는 곳이다. 반려견과 프리스비를 즐기는 사람, 서로 공을 주고받으며 한가로운 시간을 보내는 가족들을 볼 때 나의 마음은 한없이 평화로웠다. 작고 예쁜 정원을 산책하거나, 광활히 펼쳐진 잔디밭을 걷을 때에도 매우 행복했다. 천천히 걸으며 런던에 다시 온다면 꼭 녹음이 우거진 계절에 오리라 마음먹었다. 런던의 유명 관광지를 다시 찾기보다, 공원과 정원이 제 색을 완연히 드러내는 계절을 즐기고 싶었다.

런던이라는 대도시에서 자연을 즐기는 일정을 잡고, 그 일정을 오랜 시간 즐기자 여행에 아쉬움이 전혀 없었다. 다소 부족해 보였던 여행지라도 본인이 평소 좋아하던 장소나 행위에 더욱 집중하면 얼마든지 여행을 즐길 수 있다. 어느 곳에 가든, 당신의 선택에 따라 즐길거리는 넘친다. 그러므로 여행지를 고를 때 지나친 부담은 갖지 말자. 여행은 또 가면 되는 일이다.

이 도시에 며칠이나 머물까,
어떻게 이동할까?

매력이 차고 넘치는 여행지가 수두룩하다. 가고 싶은 곳이 한두 군데가 아니다. 하지만 여행 기간은 정해져 있고, 어디에 며칠을 머물지 시간을 분배해야만 한다. 한 도시에 며칠이나 묵어야 할까? 갈 곳도 많은데 사나흘 정도면 충분하지 않을까? 작은 도시들이 밀집해 있는 지역은 도시 간 거리가 꽤 가깝고 둘러볼 것도 너무 한정적이라 하루 정도 짧게 머물고 이동해도 괜찮지 싶다.

그런데 일정을 짜다가 또 다른 고민이 생겼다. 도시 간 거리가 멀거나, 아예 다른 나라로 이동해야 할 때에는 계획을 어떻게 세워야 할까? 야간에 운행하는 교통편은 가격이 저렴하고 관광 시간까지 확보할 수 있다고? 조금 피곤하기는 해도 운치 있고 돈과 시간까지 절약할 수 있다는데, 야간 교통편을 활용해볼까?

마음이 급해졌어, 아름다운 것을 모두 보고 싶어

일본의 작가 마스다 미리는 수많은 만화와 에세이로 일본은 물론이고 국내 30, 40대 여성의 사랑을 받고 있다. 그녀가 쓴 책 가운데 《마음이 급해졌어, 아름다운 것을 모두 보고 싶어》라는 만화 에세이가 있다. 이 제목이야말로 여행자의 마음을 가장 정확히 표현한 문장이 아닐까. 대분분의 여행자는 짧은 시간 안에 여러 곳을 가보고 싶어 하기 때문이다. 평생 여행만 하며 살고 싶다고 말하는 사람들이 있다. 나 또한 그런 삶을 바라지만 현실은 녹록하지 않다. 파울로 코엘료는 소설 《알레프》에 "여행은 언제나 돈의 문제가 아니고 용기의 문제다"고 썼다. 그러나 여행을 떠나리라 용기를 낸 순간부터 돈이 문제가 되는 게 현실이다. 예산이 얼마나 있느냐에 따라 여행 기간이 결정되는 까닭이다.

예산과 시간에 쫓기는 사람은 한 번 여행 갈 때 최대한 많은 곳에 다녀오려 한다. 적은 돈과 한정된 시간으로 알차게 다녀오기 위한 이유도 있지만, 각기 다른 매력을 가진 도시들에 현혹되기 때문이다. 안 가면 두고두고 아쉬울 듯한 여행지가 한두 군데가 아닌 것이다. 그 결과 여행자는 주변 도시를 당일치기로 둘러보는 일정을 짜며 수렁에 빠진다. 그러다 여행자의 머릿속에 '숙박'이라는 단어가 뒤늦게 떠오른다. 당일치기 여행은 시간 압박 때문에 여행지를 충분히 즐기지 못할 것만 같았는데 중요 지점에서 하루 숙박하면 편한 마음으로 관광할 수 있을 듯하다. 어떤 곳을 쓱 둘러보고 온 것과 하룻밤을 보내고 온 느낌은 꽤나 다를 테니까.

그렇게 가고 싶은 도시를 연결하며 여행 동선을 짜면 도시 간 거리가 꽤 먼 경우도 생긴다. 때에 따라 다른 나라로 이동해야 할 수도 있다. 어떤 교통수단을 이용하는 게 좋을까 찾아보니 교통비가 예상보다 비싸다. 하루 숙박비, 몇 끼 식비와 맞먹는 교통비를 선뜻 결제할 맘이 들지 않는다. 그런데 딱한 사정을 어떻게 알았는지 '야간 교통수단'이라는 마법이 눈앞에 나타난다. 늦은 오전이나 낮에 이동하는 것에 비해 적으면 20, 30퍼센트, 많게는 반값 수준으로 저렴하니 마법이 분명하다. 이동 시간이 충분히 길다면 숙박비까지 절약할 수 있다. 언제나 자금난에 시달리는 여행자에게 이보다 더한 유혹이 없다. 결제하지 않으면 오히려 손해인 듯한 생각마저 든다. 안 그래도 관광 시간이 부족한데, 밤에 이동하며 휴식을 취하고 도착한 후 바로 관광을 시작하면 되겠다고 판단한다.

이처럼 최대한 많은 곳을 보기 위해 한 지역에 하루씩만 머물고 다른 곳으로 이동하거나, 비용을 줄이기 위해 야간 교통수단을 여러 번 예약하는 여행자가 많다. 주머니 사정을 고려하면 충분히 이해가 간다. 그런데 이 선택이 과연 좋기만 할까? 몸과 마음이 편한 곳에서 여행을 계획할 때에는 실제 여행지에서의 상태를 예측하기가 쉽지 않다. 여행에서 계획보다 더 중요한 것은 실행이다. 재정 상태, 여행 기간, 여행 경험 여부에 중점을 두기에 앞서 여행지에서의 내 컨디션부터 고려해야 한다. 여행은 다른 누구도 아닌 나 자신이 행하는 일이다.

실제로 여행할 내 상태는 어떨까?

여행 커뮤니티나 포털 사이트 지식 서비스에는 해외여행 동선 질문이 하루가 멀다 하고 올라온다. 대개 질문 글을 쓰는 사람은 나 홀로 해외여행이 처음인 이들이다. 그들은 본인이 여행 동선을 짜봤는데 과연 괜찮을지 묻는다. 어느 곳에 그만큼 머물러도 좋을지, 다른 곳으로 옮길 때 어떤 교통수단을 이동하는 게 좋을지 등을 묻는다. 혼행하는 이들의 단골 질문이다.

그런데 이러한 질문에 답변하는 사람들이 입을 모아 말하는 게 있다. 바로 '여행 일수에 비해 방문하려는 도시가 너무 많다, 여행 일정이 빡빡하다, 한 도시에서의 숙박 일수가 너무 짧다, 이 일정대로라면 이동만 하다 여행 끝난다, 이렇게 여행하다간 병난다' 등이다. 모두 다른 말이지만 같은 의미다. 일정에 비해 방문 도시가 너무 많으며, 이렇게 이동이 많은 일정을 소화하면 병이 난다는 것이다. 체력을 간과한 채 여행 동선을 짜면 쉽게 지칠 수밖에 없다. 그러나 예비 여행자는 빡빡한 동선이 본인에게 어떤 영향을 끼칠지 미처 헤아리지 못한다. 여행 선배들의 조언을 참고하지 않고, 체력과 이동 시간을 전혀 고려하지 않고서 여행을 떠나면 사서 고생한다는 말을 뼈저리게 실감하게 될 것이다. 바로 나처럼.

20대 중반이던 시절, 나는 유럽으로 40여 일 정도 여행을 다녀오기로 했다. 한 달 이상의 혼행은 처음이었기에 환상과 로망으로 가득 차 있었으나, 계획은 어떻게 짜야 하는지 지식이 전혀 없었다.

그래서 보고 싶은 풍경이 있는 곳은 모조리 동선에 넣었다. 도심에서 먼 곳이든, 가기 힘든 곳이든, 교통편이 하루에 한 대밖에 없더라도 갈 수 있는 곳은 전부 넣었다. 가야 할 도시가 많아지니 한 숙소에서 하루 이틀 머무는 경우가 허다했다. 이동 거리가 먼 다음 여행지로 가기 위해 야간 이동도 몇 번씩이나 불사했다. 조금 피곤하더라도 시간과 돈을 절약할 수 있으리라 착각했다. 욕심으로 꽉꽉 채운 여행 동선이었다.

그런데 출발 전날, 복병이 나타났다. 짐이었다. 평소 일상생활에 꼭 필요한 물건만 간소하게 챙겨 다니던 내게 캐리어는 무서운 존재였다. 때는 바야흐로 겨울인 데다가 장기 여행이었으므로 출발 전부터 짐은 20킬로그램을 웃돌았다. 무거운 짐 무게를 실감한 뒤 불안감이 엄습했다. 내 여행은 이동, 또 이동이 전부였기 때문이다. 나는 짐을 끌고 거의 매일같이 숙소를 옮겨 다녔다. 평소에는 200그램도 들지 않고 다니다가 20킬로그램을 지고 다니자 외투만 입어도 어깨가 아팠다. 여행 일정 내내 파스를 붙였고 뜨거운 물로 온찜질을 했다. 다른 숙소로, 또 다른 도시로 이동할 때면 캐리어를 버리고 싶은 심정이었다.

그렇게 행군 수준이던 내 일정은 스위스에서 절정을 찍었다. 평소 자연 풍경을 좋아하던 터라 스위스에 대한 기대가 컸다. 가보고 싶던 곳에 모두 들르겠다는 일념으로 열흘 동안 1일 1도시, 즉 매일 다른 도시에 숙박하는 계획을 잡았다. 이동이 많으니 교통수단을 편하게 이용할 수 있는 스위스 패스를 출국 전 미리 구매해뒀다. 패스를 사니 스위스 여행 스탬프북이 사은품으로 왔다. 패스로 갈 수 있는 9개 도시의 스탬프를 찍을 수 있는 소책자였다. 스위스에 챙겨올 때는 별생각 없었는데, 이왕 왔으니 한 번쯤 찍어볼까 싶은 마음이 들었다. 그런데 첫 도장을 찍고 난 뒤 생각이 완전 바뀌었다. 도장이 기대 이상으로 예뻤던 것이다.

'내가 또 언제 스위스에 오겠어. 이왕 온 김에 스탬프를 다 찍어 보자.'

이 무모한 객기 때문에 하루에 적으면 3~4시간, 많으면 거의 9시간을 기차로 다녀야 했다. 20킬로그램짜리 짐을 들고 매일 이동하며 도시와 자연 풍경을 구경했다. 나의 열정에도 불구하고 한 도시는 너무 멀어 결국 스탬프를 찍지 못했다. 그래도 8개나 찍었다며 스스로를 대견하게 여겼다. 보람을 얻었을지언정 이후 여행을 위한 체력은 모두 소진한 것도 모른 채 말이다.

마지막 여행지인 이탈리아에서 두어 시간 정도 돌아다니자 기력을 완전히 잃고 말았다. 관광한 시간만큼 쉬지 않으면 몸을 움직일 수 없었다. 베네치아나 피렌체 같은 도시에서도 하루 이틀은 아무것도 보지 못하고 숙소에 누워 있기만 했다. 얼마나 지쳤는지 집에 돌아가는 꿈을 매일 꿨다. 앞날은 고려하지 않고 체력을 몰아 쓴 결과가 이토록 처참할 줄은 전혀 예상하지 못했다. 소탐대실이란 무엇인지 뼈저리게 실감한 경험이다.

홀로 떠나는 해외여행이 처음일 경우 체력의 중요성을 망각하기 쉽다. 아니, 체력을 가장 뒷전에 놓기 십상이다. 무리한 여행 동선을 짜고 소화하다 제풀에 지치지 않으려면 좋은 체력을 유지하며 여행을 지속해나갈 수 있도록 계획을 세워야 한다. 여행의 다른 말은 체력 싸움이다.

여행의 다른 말은 체력 싸움

《마녀체력》을 쓴 작가 이영미는 30대 중반에 고혈압 진단을 받았다고 한다. 편집자였던 그는 늘 책상에 붙어 일했던 까닭에 몸이 항상 무거웠다. 체력은 나날이 떨어졌고 가족이나 동료들에게 짜증 내는 일이 빈번했다. 나중에는 책 만드는 일에도 흥미를 잃어 잘 다니던 직장마저 그만뒀다고.

그러던 어느 날 저자는 부부 동반 모임으로 지리산 자락에 올랐다. 원래 일정은 보성 차밭에 가는 것이었는데, 막상 지리산에 도착하자 천왕봉에 가자는 의견이 모였다. 저자는 일행과 달리 일정대로 차밭으로 향했고, 약한 체력 때문에 가고 싶은 곳을 가지 못한다는 자괴감이 들었단다.

그때부터 저자는 체력을 기르기로 결심했다. 처음엔 동네를 한 바퀴씩 달리다가 마라톤을 하고 수영을 하고 자전거를 타며 철인 3종 경기까지 정복한다. 저자는 체력을 기르는 과정에서 성격과 행동이 바뀌었으며, 일에 대한 열정과 인간관계까지 회복했다고 말한다. 또한 강한 체력에 강한 정신력이 깃들며, 체력이 우리 삶의 전반적인 부분을 만들어나간다고 전한다.

여행 역시 체력과 정신력에 크게 좌우된다. 여행 중 체력이 떨어지면 정신력에도 부정적 영향을 끼친다. 체력이 고갈되면 가려던 곳에 가지 못하게 된다. 원래 일정을 계획대로 소화하지 못하면 여행에 많은 아쉬움을 남긴다. 또한 여행에서 벌어지는 크고 작은 일에 쉽게 예민해진다. 도무지 맞지 않는 대중교통 시간표, 낯설고 어려운 외국인, 쉬지 않고 주머니를 노리는 사기꾼이나 소매치기까지. 몸이 피곤하면 신경이 곤두서고 짜증이 솟구친다. 여행을 즐기는 게 아니라 버티게 되는 것이다.

결국 여행에서 느끼는 감흥이 줄어버릴 수 있다. 좋아하던 음식도 코가 막히거나 입맛이 없으면 본래 맛을 느낄 수가 없다. 지금 당장 내 몸이 고단해 죽겠는데 유명한 건축물, 황홀한 자연 풍경이 눈에 들어올까? 최상의 컨디션과 그렇지 않을 때, 어떤 대상물에서 느낄 수 있는 감흥은 분명 다르다. 그래서 여행자는 본인의 체력에 각별히 유의해 여행 동선을 짜야 한다.

여행 동선을 계획하려면 우선 가이드북을 참고해 동선의 기초를 잡자. 가이드북마다 해당 나라나 도시에 걸맞는 추천 일정이 실려 있다. 기본 일정은 대개 저자의 현지 경험을 기반으로 구성됐으며, 많은 여행자가 선택하는 대표 관광지가 포함돼 있다. 간혹 가고 싶지 않은 곳도 껴 있다면 취향에 맞는 관광지로 교체하거나 쇼핑, 휴식 일정으로 바꾸면 된다.

또 많은 가이드북에는 주요 도시 간 교통편과 소요 시간, 요금

등이 나와 있다. 주변 나라의 주요 도시로 가는 교통편도 안내된 경우가 많다. 그중 당신이 가려는 나라나 도시가 있다면 이동 방법에 대한 정보도 얻을 수 있다. 대략적인 정보를 기반으로 촘촘한 계획을 세울 수 있는 것이다.

타인의 여행 후기를 참고해도 좋다. 다행히 어디에서 며칠을 묵었고 어떻게 이동했는지 상세히 적은 누군가의 여행기를 인터넷에서 쉽게 찾아볼 수 있다. 이동의 난이도와 피로도까지 생생하게 담겼다. 이러한 후기는 여행에서의 체력 소모를 가늠하기 어려운 초보 여행자에게 큰 도움이 된다. 장시간 이동하는 야간 열차 및 버스를 여러 번 이용할 계획이라면 동일 구간을 경험한 이들의 후기를 찾아보자. 야간 이동편 환경이 열악하진 않은지, 야간 이동이 이후 일정에 어떤 영향을 끼치는지 실체를 확인할 수 있다. 그것을 바탕으로 어느 구간을 이용할지, 몇 번이나 이용할지 가늠하면 좋다.

야간 교통편을 여러 번 경험해본 나로서는, 잦은 야간 이동은 지양하는 편이 낫다고 생각한다. 야간 열차의 침대칸인 쿠셋은 그나마 사정이 낫지만 열차 의자에 앉아 가야 하거나 버스를 이용할 경우가 문제다. 야간 이동을 계획한 여행자 대부분은 '이동하며 푹 자고 도착하자마자 관광하겠다!'는 포부를 갖는다. 그러나 도착 후 피곤을 이기지 못하고 휴식을 취하는 사람이 대다수다. 하루쯤 푹 쉬어도 될 만큼 여행 일수가 넉넉하다면 괜찮겠지만, 그렇지 않다면 야간 이동에 신중을 기하자.

야간 교통편은 우리 체력의 한도를 떨어뜨린다. 권장 수명보다 오래 사용한 전자 기기는 완충해도 처음 성능을 회복하기 힘들다. 우리 몸도 비슷하다. 체력 회복을 위해 쉬었다 해도 체력의 한도 자체가 저하됐다면 체력을 오롯이 쓸 수 없다. 여행 중 잦은 야간 이동은 당장은 편리할지 몰라도 여행자의 체력을 깎아 먹는 지름길이다.

가이드북과 선배 여행자들의 후기를 기반으로 본인에게 맞는 동선을 짜면 여행 일정이 완성된다. 정석과 실제를 아우르며 다양한 정보를 결합했기에 큰 문제는 없을 것이다. 그래도 불안하거나 조금 더 조언을 얻고 싶다면 여행 커뮤니티나 지식 서비스에 또 질문하자. 당장은 체감하기 어렵겠지만 여행에서의 체력 싸움은 여행자가 반드시 맞닥뜨리는 문제다. 많은 것을 보기 위해 욕심을 내면 체력을 잃을 뿐만 아니라 여행에 대한 감흥도 느끼지 못하게 된다. 이번 여행이 끝이 아니다. 당신이 충분히 즐길 수 있을 정도로 계획해 보라.

한인 민박 vs 로컬 숙소 어디가 좋을까?

어디서 얼마나 머물지 정했으니 어디서 잘지 정할 차례다. 해외로 떠나는 혼행러는 주로 한인 민박, 호스텔, 에어비앤비에 묵는다. 호스텔이나 에어비앤비처럼 현지인이 운영하는 로컬 숙소에 갈지, 한국인이 운영하는 민박에 머물지부터 정해보자.

숙소를 선정할 때 고려할 사항 가운데 으뜸은 의사소통이 아닐까? 로컬 숙소라면 영어로 대화해야 할 테고, 아무래도 말이 통하려면 한인 민박이 좋을 듯싶다. 그런데 한인 민박에 머물면 외국인 친구를 사귀기는 힘들 테니 아쉽고, 불법 운영 중이거나 이용 후기가 나쁜 곳이 많아 고민이다. 한편 한인 민박에서는 한식이 제공되고 같은 처지의 한국인 혼행러를 만나 함께 동행할 수 있다는 장점이 있다. 숙소마다 장단점이 있으니 고민은 더욱 깊어진다. 한인 민박과 로컬 숙소 중 어디를 골라야 할까?

모든 숙소에 장단점이 있다

여행자 대부분은 여행 경비로 인한 스트레스를 받는다. 숙소비는 경비 중 가장 큰 부분을 차지하기 때문에 혼행러들은 저렴한 호스텔, 에어비앤비, 한인 민박을 선호한다. 먼저 각 숙소의 장단점을 살펴보자.

한인 민박은 한국인 직원이 근무하며 한식이 제공된다는 장점이 있다. 여행자는 한국인 직원을 통해 볼거리나 맛집 정보를 쉽게 얻을 수 있다. 또 언어와 문화가 다른 곳에서 익숙한 한식을 먹으면 혼행으로 긴장돼 있던 몸과 마음이 한결 편안해진다. 투숙자의 99퍼센트가 한국인이기 때문에 마음 맞는 사람과 동행할 수 있다는 점도 장점이다. 물론 관광지에서 우연히 마주친 한국인 여행자와 동행하거나 여행 커뮤니티에서 연락처를 주고받아 동행할 수도 있다. 하지만 한인 민박에 머문다면 좀 더 쉽고 편하게 동행자를 구할 수 있다.

한인 민박의 단점도 있다. 한인 민박 대부분은 일반 가정집을 개조해 만든 것으로 화장실과 욕실이 두어 개 정도다. 욕실 부족은 한인 민박의 고질적 문제다. 샤워 시간대를 제한해서 여행자의 원성을 사는 민박도 있다. 또 숙박 시설로 신고하지 않은 채 운영하는 곳도 있다. 이런 곳은 여행자에게 다른 숙박 시설의 주소를 알려주며 입국 수속을 밟으라고 안내하기도 한다. 고장 난 시설의 수리 및 관리 또한 제대로 이루어지지 않는다. 일반 가정집에 수많은 침대가

놓인 것을 본 수리 기사가 의심해 당국에 신고할 수 있기 때문이다. 이밖에 청소 시간대에는 출입을 금지하거나 외출 및 통금 시간을 정해놓는 곳도 있으니 공지 사항과 후기를 반드시 확인하자. 예약은 한인 민박 중개 앱이나 자체 운영 블로그, 온라인 카페 등에서 가능하다. 요즘은 카카오톡으로 예약 관련 사항을 조정하는 경우가 많은데 시차 때문에 즉각적이고 원활한 의사소통이 어렵다.

호스텔은 저렴한 가격이 큰 장점이다. 대체로 혼성 도미토리가 가장 저렴하며 1, 2만 원대의 숙소도 많다. 또 다른 장점은 외국인 친구를 쉽게 사귈 수 있다는 점이다. 눈이 마주치면 인사를 나누고 이야기를 주고받을 수 있다. 그렇게 친해지면 관광지에 동행하고 식사도 같이 하며 SNS나 메일로 인연을 이어가기도 한다. 호스텔은 규모가 큰 곳이 많으며 다양한 부대시설을 갖춘 곳도 많다. 세탁실, 게임 시설, 넓은 부엌, 거실 등 다양한 휴식 공간이 마련돼 있기도 하다. 펍과 함께 운영하는 곳은 식사와 음주를 즐길 수도 있다. 24시간 프런트 데스크가 있는 곳이 많아 언제든지 크고 작은 도움을 청하기 쉽고 출입도 자유롭다. 호스텔은 다양한 숙소 예약 앱에서 쉽게 예약할 수 있고 대부분 바로 확정되므로 이후 진행 과정을 계속 체크할 필요도 없다.

호스텔에 장점만 있는 것은 아니다. 무엇보다 현지어나 영어가 능통하지 않으면 숙소에서도 긴장을 늦출 수가 없다는 점이 가장 큰 단점. 체크인부터 숙소 규칙 사항, 부대시설 이용 방법 등, 듣고 보는 정보가 모두 영어인 까닭이다. 또 전 세계에서 다양한 여행자가 모이다 보니 낯설고 황당한 경험을 하기도 한다. 배려 없고 예의 없는 룸메이트를 만날 수 있고, 혼성 도미토리의 경우 온 방 사람 다 깨우며 코를 고는 사람을 만날 수 있다. 계절에 따라 차이가 있지만 땀 냄새나 발 냄새 같은 지독한 체취 또한 문제다.

마지막으로, 에어비앤비는 집 전체나 방 한 칸만 빌려주는 형태다. 에어비앤비의 가장 큰 장점은 현지인 생활을 체험할 수 있다는 것이다. 주인장의 취향이 고스란히 담긴 숙소에 들어서면 외국 영화 세트장에 온 듯한 기분을 만끽할 수 있다. 또 호스트가 알려주는 현지 맛집, 구경할 만한 상점, 축제 정보 등은 신선하고 흥미로운 경험이 된다.

에어비앤비는 현지에 살아보는 듯한 강렬한 인상이 남는 곳이지만 단점 또한 있다. 우선 예약할 때부터 국내와의 시차가 있다 보니 호스트와 즉각적으로 소통하기 어렵다. 현지에 도착한 이후에도 호스트가 숙소에 상주하지 않거나 연락이 빨리 닿지 않으면 숙소 이용과 같은 도움을 받기 어렵다. 또 집 안 물품이나 환경에 문제가 생기면 다소 높은 배상액을 청구하기도 한다. 에어비앤비는 호스트에 따라 만족도가 천차만별로 달라지므로 높은 평점을 자랑하는 '슈퍼 호스트'를 예약하는 것이 좋다. 그러나 소통이 원활하고 친절한 슈퍼 호스트는 인기가 많아 예약이 어려울 수 있다. 또 예약 시 바로 확정되는 곳도 있지만 호스트가 수락해야만 확정되는 에어비앤비도 많다. 때로는 예약이 확정된 후 호스트가 일방적으로 예약을 취소하기도 한다. 예약 전에는 대략적인 위치만 알려주고 예약 이후에 세부 주소를 제공하는 것도 단점이다. 여행자에겐 숙소 주변 환경이 어떤지도 매우 중요하기 때문이다.

이처럼 해외 숙소의 다양한 장단점은 여행자를 혼란에 빠트린다. 그런데 숙소 선택 기준은 그 유형이 아니라 여행자의 성향에 달렸다. 해외 숙소의 장단점을 판가름하기 앞서 본인이 가장 편안하다고 여기는 숙소 환경이 무엇인지와, 불편함을 느끼는 요소가 무엇인지부터 알아야 한다.

무엇이 나를 불편하게 하는가

먼저 숙소에서 경험할 수 있는 불편함의 요소에는 무엇이 있고, 그를 피하는 방법은 무엇인지 알아보자.

첫 번째로 따져볼 것은 사생활이 얼만큼 보장되는가다. 모르는 사람과 방을 쓰는 건 상당히 불편한 일이다. 많은 이들이 개인실을 원하지만 경비를 절약하기 위해 도미토리에서 숙박할 때가 많다. 도미토리에서 숙박할 때는 개인 커튼 및 전등이 있는 곳이 좋다. 호스텔이나 한인 민박 모두 다수의 편의를 고려해 점등하고 소등하지만 나의 의지와 다르게 운영될 때도 있다. 빛을 완전히 차단하진 못해도 개인 커튼을 치고 개인 전등을 켜고 끈다면 본인의 생활 패턴을 유지할 수 있을 것이다.

호스텔이나 민박 내에서 유독 파티가 자주 열리거나, 파티에 꼭 참여해야 하는 곳도 있다. 대부분 한인 민박이 이에 속하는데, 낯을 가리거나 사람들과의 교류를 원하지 않는 편이라면 숙소 이용 후기와 규칙을 참고해 이러한 곳은 피하자. 숙소 내 특정 시설에 이용 제한 시간이 있다면 조금 더 조용할 확률이 높다. 가끔 미리 확인한 숙소 규칙과 달리 호스트가 오히려 제재하지 않고 파티 분위기에 취할 경우도 있다. 앞서 다녀온 여행자들의 후기를 꼼꼼하게 살펴 맘에 드는 숙소를 찾자.

언어 역시 숙소 선택에 걸림돌이다. 숙소에서라도 편하게 소통하기 위해 한인 민박을 찾는 여행자도 많다. 현지어밖에 쓸 수 없는 숙소 환경에 극도의 스트레스를 받을까 염려된다면 한인 민박에 머무는 게 현명하다.

그런데 한인 민박의 어떤 면이 너무도 싫거나, 현지 숙소에 꼭 가보고 싶은 이들도 있을 것이다. 사실 호스텔이나 에어비앤비에서 경험하는 영어 수준은 예상보다 높지 않다. 체크인을 할 때에는 여권 및 숙박 일수를 확인하며 사물함이나 방문 열쇠의 보증금이 얼마이고 체크아웃은 몇 시인지와 같은 숙소 규칙을 안내해준다. 들리는 단어 몇 개와 뉘앙스, 눈치 등으로 뜻을 알아들을 수 있다. 상대방 역시 다양한 여행자를 맞이해본 노하우가 있으므로 게스트가 이해하지 못하는 듯하면 짧은 단어 위주의 쉬운 영어로 천천히 설명한다.

또 현지 숙소 대부분은 방문, 복도, 게시판, 화장실 등 각종 이용시설의 문 앞에 안내 사항과 규칙을 적어놓는다. 대개 체크인을 할 때 알려주는 안내 사항이다. 호스트가 알려주는 안내 사항을 제대로 알아듣지 못했다면 안내문을 찬찬히 읽어보자. 부엌이나 세탁실 이용 방법 또한 상세하게 적혀 있다. 누군가에게 도움을 청하지 않아도 충분히 혼자 해결할 수 있으므로 현지 숙소 숙박에 큰 부담은 갖지 말자.

마지막으로 고려할 사항은 시설과 서비스다. 숙소의 시설과 서비스 유무에 불편함을 느끼면 좋지 않은 인상만 남기 마련이다. 숙소를 즐겁게 이용하기 위해서 본인이 필요로 하는 시설과 서비스가 무엇인지 정확히 알아야 한다. 한국인 여행자들이 가장 필요로 하는 것은 와이파이다. 한국의 빠른 인터넷 환경에 익숙한 우리는 외국의 느린 와이파이에 불편함을 느끼곤 한다. 와이파이가 있는 게 맞나 싶을 정도로 그 속도가 느린 숙소가 많다. 와이파이에 대한 한국인 여행자의 후기를 유의해 살펴보라.

사물함도 있으면 유용하다. 도난 위험은 어디에나 존재하므로 개인 사물함의 유무를 확인하는 게 좋다. 수건과 침대 시트가 제공되는지도 살펴보자. 유료인 숙소도 있고, 수건은 아예 없는 곳도 있다. 예약 시 불포함 사항을 꼼꼼히 확인하면 현지에서 당황할 일이 없다. 24시간 프런트 데스크에 상주 직원이 있으면 언제라도 체크인이 가능하며, 갑작스러운 일이 생겼을 때에도 바로 도움을 받을 수 있다. 엘리베이터도 중요하다. 숙소 유형과 상관없이 규모가 작거나 오래된 곳은 엘리베이터가 없는 곳이 많다. 이런 숙소는 짐을 방으로 옮기는 것부터가 난관이다. 나선형 계단을 몇 층씩 올라가는 숙소라면 한겨울에도 땀으로 샤워를 할 수 있으니 후기를 잘 살펴보자.

조식이 제공되면 숙박비가 조금 더 오르지만 다양한 간편식을 자유롭게 먹을 수 있다. 아침밥을 꼭 먹는 습관이 있다면 조식이 포함된 방을 예약하는 게 좋다. 시간에 맞춰 조식을 먹는 게 불편하다면 조식이 없는 숙소를 예약하면 된다. 숙박비에 포함된 돈이 아까워 아침 일찍 조식을 먹으려다 피로만 쌓였다는 사람도 있고, 조식 시간에 맞춰 일어나지 못해 돈만 버렸다는 사람도 있으니 본인의 성향을 파악하자.

끝으로 체크인 전후로 짐을 보관해주는지 살펴보자. 무료로 짐을 보관해주는 곳도 있지만 유료인 숙소도 있다. 짐을 끌고 다니며 관광하는 것은 많은 체력을 요구한다. 또 코인 로커를 자주 사용하면 결국 큰 비용을 지출하게 되니 짐 보관 서비스를 무료로 제공하는 숙소를 찾는 것이 좋다.

개인 성향에 따라 고르면 좋을 숙소를 살펴봤다. 이제 어떤 숙소에 머물지 감이 왔으리라 믿는다. 그러나 여기서 끝이 아니다. 숙소를 선택할 때 최우선으로 고려해야 할 3요소가 남았다.

숙소 선택의 마지막 3요소

혼행러가 숙소를 예약할 때 특별히 고려해야 할 첫 번째 요소는 안전이다. 외국에는 자국민도 지나길 꺼리는 구역이 존재한다. 이는 마약이나 각종 불법이 성행하는 환락가일 수 있고 저소득층 이민자나 불법 체류자, 집시 등이 모여 사는 곳일 수 있다. 범죄율이 높고 크고 작은 사고가 잦은 곳에도 한인 민박이나 호스텔 같은 숙소가 있다. 이러한 곳은 주요 관광지나 도심과 떨어져 있고 숙박비도 매우 저렴하다. 도시에 대한 충분한 정보를 수집하지 않은 여행자라면 싼 숙박비만 보고 이러한 곳에 덜컥 예약하기 쉽다. 여행 정보를 본격적으로 수집하는 과정에서 투숙할 숙소가 사람들이 꺼리는 지역에 있다는 사실을 알게 된다면 불안이 엄습해온다. 다른 숙소로 다시 예약할 수도 있겠지만 그러지 못할 경우라면 어떻게 될까? 숙소를 오가며 누군가와 눈만 마주쳐도 불안에 떨거나, 해가 떨어지기 무섭게 숙소로 발걸음을 옮기며 여행을 충분히 즐기지 못할 수 있다.

가끔 위험한 지역의 숙소에 머물렀지만 아무 일도 없었다고 말하는 사람도 본다. 하지만 절대 그 말에 현혹되지 말자. 조심하고 또 조심하는 여행자도, 그곳 생활에 능수능란한 현지인도 사고를 당할 때가 있다. 숙소를 예약하기 전 인터넷이나 가이드북을 통해 안전 지역이 어딘지 알아보자. 여행 커뮤니티나 지식 서비스에 자신이 머물 숙소가 안전한 곳에 있는지 확인을 요청해도 좋다.

두 번째로 고려할 요소는 청결이다. 해외여행에서 청결과 관련해 가장 빈번하게 일어나는 이슈는 베드 버그bed bug, 즉 우리나라에서 '빈대'로 불리는 벌레다. 베드 버그는 미국, 유럽, 남아메리카, 아프리카, 동남아 등지에 분포한다. 한 번 문 곳을 중심으로 주변을 연속으로 물며 물린 자국이 일렬로 늘어선 것이 가장 큰 특징이다. 물린 곳은 두드러기처럼 붉게 부어오르고 모기에 물린 것보다 더 간지럽다. 베드 버그에 물리면 여행 내내 가려움증에 고통받고, 그 흔적 때문에 숙박을 거절당하는 경우도 종종 발생한다.

베드 버그는 위생 관리가 허술한 숙소에서 주로 나온다. 침구나 방, 여타 시설이 청결하지 않다는 후기가 있다면 무조건 제외하자. 또 베드 버그는 어둡고 습하며 오래된 곳, 카펫, 나무 침대와 마룻바닥을 좋아하므로 이런 환경을 포함한 숙소는 제외하는 것이 좋다. 이 조건을 모두 제외한 뒤 마음에 든 숙소를 발견했다면 마지막으로 6개월 사이에 베드 버그가 나온 후기가 있는지 살펴보자. 단 한 건이라도 있다면 후보지에서 빼고 다른 숙소를 찾자.

마지막으로 고려해야 할 것은 숙소의 접근성이다. 앞서 언급한 안전 문제와 비슷한 듯하지만 차이가 있다. 저렴하면서 시설과 환경이 좋은 숙소를 찾다보면 시내와 관광지 인근에서 다소 멀어지기 마련. 그중 도심과 거리가 멀어도 도심으로 나가는 지하철이나 정류장과 가까운 숙소가 있다. 이처럼 교통이 편리하다면 사정이 낫지만 때로 그마저 아닐 수 있다. 대부분의 초보 여행자는 지도상의 거리를 잘 가늠하지 못한다. 지도만 보고서 '이 정도면 걸어갈 수 있겠다'고 단정하는 실수를 범하기도 한다. 문제는 여행지에 도착해 숙소를 찾아갈 때 일어난다. 지치고 예민해진 상태에서 숙소로 향하는 길은 예상보다 훨씬 멀다. 또 캐리어를 끌고가면 본래 걸음보다 더 느려져서 생각보다 오래 걸린다.

이러한 불상사를 방지하려면 숙소까지의 이동 거리를 본인의 동네에 대입해보면 된다. 그 거리가 본인의 집에서 동네의 어떤 지점까지 해당되는지 찾아보는 것이다. 무거운 짐을 끌고 집에서 동네 지점까지 왕복할 수 있는지 따져보면 현명한 판단을 내릴 수 있다. 숙소가 도심에서 멀어지면 이동 시간이 늘어 관광 시간은 줄고 피로만 더해진다. 게다가 여행자들이 잘 찾지 않는 곳일 확률이 높기에 얻을 수 있는 정보의 폭도 협소하다. 여행자가 드물거나, 다양한 인종이 모여 사는 곳이 아닐 경우 인종 차별을 당할 수도 있다. 여행 이전에는 피부에 와닿지 않던 문제도 타지에선 어려움을 불러올 수 있으므로 비용이 더 들더라도 숙소는 도심에 잡자.

안전, 청결, 접근성. 이 세 요소는 숙소를 예약하는 전 과정에서 중점에 둬야 한다. 이는 안전하고, 건강하고, 편안한 여행을 위해 절대 타협해서는 안 되는 요소다. 본인의 여행을 최대한 즐겁게 만들 최선의 선택을 하자.

모든 숙소를 일정에 맞춰 예약해둬야 할까?

마음에 드는 숙소를 하나씩 예약하다가 갑자기 '이곳에 이틀 머물려고 했는데 예정보다 빨리 떠나고 싶으면 어떡하지? 또 예약한 숙소가 마음에 안 들면? 예약한 숙소는 따로 있는데 당일치기로 들른 도시가 더 맘에 들면?' 하는 생각이 든다. 내가 머물고 싶은 곳에서 충분히 즐기고 싶은데……. 숙소를 일정대로 모조리 예약하고 갔다가 마음이 바뀌면 어떡해야 할까? 현지에 도착한 뒤 처리하려면 환불이 안 돼서 손해일 텐데, 차라리 숙소를 다 예약하지 않고 출국하면 어떨까? 숙박 일정에 구애받지 않고 자유롭게 여행할 수 있지 않을까?

완벽한 예약의 '편안함' vs 혹시나 하는 '불안함'

여행 계획 막바지에 이르자 새로운 고민 하나가 생겼다.

'일정에 맞춰 머물 숙소를 출발 전 다 예약해두는 게 좋을까?'

나는 3박 4일 짧게 머문 홋카이도 여행에서 숙소를 바꿔본 적 있다. 겨우내 눈을 기다렸지만 좀처럼 눈이 내리지 않던 어느 해 겨울. 언제쯤 눈이 올까 고대하다 결국 겨울을 다 보내버리고 이듬해 3월 말이 되었으나 눈을 향한 그리움은 가시지 않았다. 눈을 볼 수 있는 곳이 과연 어디일까 급히 찾았고 사흘 후에 출발하는 삿포로행 왕복 비행기 표를 끊었다.

그런데 출발 전날 사진 한 장을 발견했다. 붉은 벽돌 건물 사이로 보이는 바다, 그 위로 반짝이는 빛이 흐르는 전경 사진이었다. '하코다테'라는 도시의 관광 스폿이었다. 삿포로와 얼마나 떨어져 있나 찾아보니 약 300킬로미터. 당일치기로 다녀올 수 있었지만 하코다테 풍경을 찾아볼수록 그곳에 더 오래 머물고 싶어졌다. 급하게 결정한 여행이라 예약한 숙소의 무료 취소나 환불은 불가능했다. 하코다테는 다음에 따로 갈까, 아니면 수수료를 물더라도 하코다테에 머물까 고민했다. 나는 결국 후자를 선택했다. 하코다테를 가지 않으면 후회할 듯싶었다. 왕복 교통비에, 숙소 취소 수수료에, 새로운 숙소 예약비까지 지출했지만 하코다테는 내 마음에 쏙 들었다.

여행 기간과 관계없이 사람 마음은 언제든 바뀔 수 있다. 여행자는 여행 전과 여행 중에 불쑥불쑥 찾아오는 고민을 어떻게 해결할지, 어떤 선택으로 여행을 만들어나갈지 고민한다. 사전에 완벽하게 숙소를 예약해두면 신경 쓸 일이 없어서 좋다. 사실 숙소 예약 이외에도 여행자가 준비할 일은 굉장히 많다. 여행지에 대한 기본 상식, 필수 준비물, 꼭 가야 할 관광지, 현지 대표 음식과 맛집, 현지인이 즐겨 찾는 비밀 스폿 등 미리 찾고 챙겨야 할 게 한두 가지가 아니다. 이 와중에 숙소가 완벽하게 계획돼 있다면 수고로움과 불안감을 하나라도 덜 수 있지 않은가.

그런데 숙소를 모두 예약해둬도 문제는 생길 수 있다. 앞서 말한 나의 경우처럼 마음이 바뀔 수 있기 때문. 만약 어떤 도시에 며칠 머물기로 했는데 막상 가보니 마음에 들지 않아 다른 도시로 빨리 떠나고 싶어진다면? 또 예약했던 숙소가 영 불편할 수도 있다. 아니면 당일치기로 간 도시나 이동 중에 발견한 다른 도시에서 숙박하고 싶을 수도 있다. 숙소를 예약하지 않았다면 마음이 바뀌어도 상관없지만 문제는 모든 숙박 일정이 정해진 경우다. 숙박 예약을 취소해도 숙박비를 돌려받지 못할 가능성이 높기 때문이다. 당일에 무료로 예약을 취소해주는 경우는 없다. 마음이 바뀌어 숙박비를 이중으로 지출하는 여행자가 있을 것이다. 여행 일정에 끌려가는 듯한 느낌이 들어 숙소 예약을 꺼리는 여행자도 있을 것이고 말이다.

그렇다 해도 숙소를 정해두지 않은 채 여행을 떠나는 일은 엄청난 모험이다. 세상 모든 일엔 장단이 존재한다. 숙소를 미리 예약하지 않고 여행을 갈까 고민 중이라면 본인에게 질문을 던져보라.

"묵을 곳 없이 떠날 만한 용기가 과연 내게 있을까?"

무계획의 대가를 감당할 용기

숙소를 예약하지 않고 여행지에 갔을 때 어떤 상황이 벌어질까? 일단 짐이 큰 문제다. 예약한 숙소가 있다면 체크인 후 짐을 풀고 관광하는 것이 일반적이다. 그러나 정해진 숙소가 없다면 짐을 둘 곳이 없다. 제아무리 천하장사라도 짐을 지고 관광하는 건 무리이므로 이럴 경우 코인 로커에 짐을 넣는 것이 좋다. 그런데 지하철역에서 물품 보관함을 쉽게 찾을 수 있는 한국과 달리 외국에서는 코인 로커를 찾기가 쉽지 않다. 런던, 파리, 로마 같이 유명한 관광 도시에서도 코인 로커가 있는 지하철역은 보기 힘들다. 도시를 대표하는 기차역이나 사람들의 왕래가 잦고 상권이 크게 발달한 곳의 지하철역에만 있다. 최근에는 '백비앤비'라 해서 식당이나 호텔의 남는 공간에 가방을 맡아주는 짐 보관 서비스도 있지만 활성화되는 단계라 제공처가 드물다. 또한 백비엔비나 코인 로커에 짐을 보관하더라도 숙소 예약 후 다시 그곳에 가서 짐을 가져와야 한다. 경비와 체력을 이중으로 지출하는 셈이다.

숙박 요금 대비 좋은 방을 구할 수 있는지도 문제다. 이따금 당일 숙소를 특가로 예약할 수 있는 경우도 있긴 하지만 대개 3성급 이상이나 비즈니스 호텔이다. 또 할인하는 것 자체가 해당 호텔에 대한 선호도가 높지 않음을 방증한다. 숙박비에 비해 룸 컨디션이 별로이거나 치안이 좋지 않은 구역에 있거나 주요 관광지에서 꽤 떨어진 곳에 있을 수 있다. 게다가 유럽이라면 이런 숙소는 이름만

3, 4성급일 확률이 높다. 유럽 호텔들은 건축한 지 오래된 경우가 많고 문화재 보호나 도시 경관법 등으로 인해 호텔 수리가 까다롭기 때문이다. 신축 호텔이 아닌 이상 우리나라의 비즈니스 호텔 상태 정도를 기대하면 안 된다.

그렇다면 호텔이 아닌 다른 숙소는 어떨까. 호스텔이나 민박, 에어비앤비 등도 종종 할인을 하긴 하지만 그 폭이 높지 않은 편이다. 또 투숙 날짜가 임박한 때나 당일에 숙소를 예약하면 숙소비가 오히려 비싸다. 위치, 서비스, 시설 모두 만족스러우면서도 저렴한 숙소는 다른 사람들이 이미 예약했기 때문이다. 그러므로 뒤늦게 예약이 가능한 숙소는 애초 예산보다 비싼 값을 지불해야 할 경우가 많다. 비싼 데도 방 상태는 좋지 않을 확률이 높고 말이다.

성수기라면 숙소 문제가 배로 심각해진다. 여름휴가나 크리스마스 같은 극성수기 전후가 아니더라도 숙소 예약이 어려울 수 있다. 외국에는 이름난 축제가 많다. 오랜 전통을 이어오거나 어마어마한 규모를 자랑하는 축제가 있는 경우 전 세계인들이 몰리기 때문에 숙박 경쟁도 치열하다. 이 시기를 전후해 숙소를 예약하려면 평소보다 2, 3배는 더 비싼 값을 치러야 한다. 시내에 숙소를 예약하려면 예산을 훌쩍 초과하므로 도시 외곽이나 근교에 묵어야 할 수도 있다. 만약 그 도시에 볼거리가 많아 며칠이나 머물 경우, 머나먼 숙소에서 기차나 버스를 타고 이동하며 여행하는 불상사가 생길 수 있다.

숙소를 찾는 데 시간이 걸리는 것도 중요한 문제다. 제한된 예산 안에서 최대한 좋은 숙소를 찾으려면 적지 않은 시간이 소요된다. 그만큼 도시를 보고 즐기고 느끼며 관광하는 시간은 줄어드는 것이다. 그러나 여행 시간은 한정돼 있고, 그곳에 언제 다시 올지 모른다. 매력적인 여행지에서의 소중한 시간을 숙소 찾기에 허비하는 건 조금 아쉬운 선택이 아닐까? 프랑스 파리 여행 중 어디서 얼마나 머물지 정하지 않은 여행자를 만난 적 있다. 내가 아침 일찍 나섰다가 밤늦게야 돌아오는 며칠 동안 그는 호스텔 로비에서 여행 일정을 짜고 숙소를 예약하느라 씨름했다. 5분만 걸어 나가면 에펠 탑을 볼 수 있는 파리에서 말이다.

당신이 숙소를 정하지 않고 여행을 떠나면 이 세 가지 상황에 당면하게 된다. 여행 중 맞이할 돌발 상황에 숙소를 찾는 문제까지 더해져도 여유롭게 해결해나갈 수 있을까? 그 모든 불안감과 스트레스를 잘 견디고 극복할 자신이 있는가?

내게 아름다워야 진정한 미학

당신은 계획을 세우고 실천하는 일을 좋아하는가? 아니면 계획에서 오는 압박감에 스트레스를 받는가? 어떤 사람은 계획대로 움직이며 즐거움을 느끼고 어떤 사람은 계획 없는 상태의 자유로움을 즐긴다. 본인의 성향대로 여행 계획을 촘촘히 짜거나, 느슨하고 자유롭게 떠나는 편을 선택하는 것이다. 자기 성향과 맞지 않는 방향에 이끌리면 뼈아픈 실패를 맛볼 수 있다. 숙박 일정에 따라 여행하는 것에 스트레스를 받을 듯한가? 그렇다면 과감히 숙소를 잡고 가지 않아도 좋다. 무계획의 단점을 불안 요인으로 여기지 않는 사람도 있다. 이들에게는 특별한 계획이 없는 상태가 성향에 맞아 더 행복하고 즐거울 수 있다.

몇 개월씩 장기 여행을 떠날 때에는 개인의 성향에 관계없이 숙소를 모두 예약하지 않는 편이 낫다. 숙박 계획에 따라 움직이는 게 오히려 스트레스일 수 있기 때문이다. 또 장기 여행자들은 일정이 넉넉하므로 몇 시간씩 숙소를 찾아다녀도 별 타격이 없다. 또 단기 여행자에 비해 자금도 넉넉해서 하루 이틀 숙소비가 높아도 예산에 큰 피해가 없다.

정해진 계획이 없을 때 불안하다면 숙소 예약을 백번 추천한다. '내가 갈 곳에 코인 로커가 없으면 어떡하지, 있더라도 내 짐이 들어갈 만큼 커다랗지 않다면? 내가 갈 시기에 숙소 방 값이 오르면 어떡하지, 그나마도 구할 수 없다면? 안 좋은 숙소에 가게 되면 어떡하지? 숙소 찾느라 시간을 허비해서 막상 가고 싶은 곳에 못 가면?' 하고 걱정했다면 당장 숙박 예약 홈페이지에 접속하라. 벌써부터 벌어지지 않은 일에 불안해하고 걱정하는 당신이라면 실제 그 상황이 닥쳤을 때 얼마나 큰 스트레스를 받을지 빤한 일이다. 나는 여행 기간에 상관없이 숙소를 예약해두고 출발하는 편이다. 나는 불확실한 상황에 불안감을 느끼는 사람이고 그 스트레스를 사전에 차단해버리는 것이 행복해지는 방법임을 알기 때문이다.

계획의 안정성을 중시하는 본인의 성향에 따라 숙소를 모두 예약하고 갔지만, 여행지가 맘에 너무 들지 않아 빨리 떠나고 싶다면 또 선택해야만 한다. 숙소비를 이중으로 지출하며 다른 여행지로 갈지, 꾹 참고 그곳에 계속 머물지 말이다. 그런데 후자를 고르면 한 가지 선택지가 더 생긴다. 그곳에서 가까운 여행지로 당일치기를 할 수 있다는 것이다. 물론 교통비를 지출할 수밖에 없지만 얼마든지 감내할 만한 수준이다. 옆 도시에 들르고 싶은 마음도 없다면? 진짜 최후의 선택을 해야 한다. 이중 지출 대신 그곳에서 불행한 여행을 이어갈지, 새로운 여행지에서 이중 지출으로 행복을 살지. 내가 이 기로에 섰을 때에는 항상 후자를 선택했다. 여행 이후 카드 값으로 고통받긴 했지만, 그 선택을 후회한 적은 단 한 번도 없다. 값비싼 낭만이 준 행복은 절대 잊을 수 없는 기억으로 남았다.

끝으로, 예약한 숙소에 만족하지 못해 숙소를 옮기고 싶을 경우를 예상해보자. 숙소에 도착하고 보니 시설이나 규칙이 고지됐던 정보와 다르다면 잘잘못을 정확하게 짚어 숙소비를 환불받을 수 있다. 의사소통이 어렵다면 영사관 통역 서비스와 현지 여행 커뮤니티, 여행 예약 업체에서 통역 도움을 구할 수 있다. 또한 도난, 신체적 위협과 같은 불미스러운 사건이 발생한 경우라면 반드시 숙소를 옮기자. 새 숙소에서 안정을 되찾고 즐거운 여행 경험을 되살리는 편이 훨씬 낫다.

혼행러를 위한 꿀팁

국내로 혼행 떠나기

가뜩이나 여행 비용이 부족한데 국내여행을 다녀오라니, 속 편한 이야기처럼 들릴 수 있겠다. 그러나 혼자 여행해본 적 없는 사람이 처음부터 해외로 떠나는 건 어려운 일이다. 해외여행은 수집해야 하는 정보와 계획하고 준비할 것이 국내여행보다 굉장히 많다. 처음부터 복잡하고 힘든 일에 뛰어드는 건 심리적으로 부담스럽다. 국내로 먼저 여행을 다녀오면 나 홀로 해외여행을 위한 기술이 생긴다.

국내로의 혼행은 여행자에게 어떤 이점을 줄까? 첫 번째로, 여행에 대한 담력과 자신감을 선사한다. 혼행을 가보지 않은 사람은 국내조차도 부담이 될 수 있다. 사실 내가 그랬다. 나는 집에 돌아오지 못할까 봐 스무 살 전까지 지하철을 혼자 타본 적이 없을 정도였다. 대학 때에는 수업을 들으러 가려면 지하철을 타야 했기에 익숙해졌지만 혼자 수도권을 벗어나는 데 두려움이 여전했다. 그러던 중 부산 여행을 계획했다. 지인이 안내해주기로 해서 다소 안심이었으나 부산에서 합류하는 것이 문제였다. 나는 혼자 기차를 타본 적이 없었던 것이다. 혼자서 기차를 타고 부산역에 도착했을 때 그것만으로도 큰일을 해낸 듯 으쓱했다. 나중에는 제법 여유가 생겨 지인의 도움 없이 홀로 버스를 타고 근방을 둘러보기까지 했다. 다른 사람들에게는 쉬운 일이겠지만, 내게는 무엇보다 큰 용기가 필요한 일이었다. 처음에는 몹시 두렵고 떨렸다. 하지만 계획한 곳에 잘 도착하고 돌아오는 여러 번의 성취 경험으로 혼자 떠나는 여행에 대한 자신감과 담력을 키울 수 있었다. 덕분에 해외로 혼행을 떠날 때 용기를 내 실행에 옮겼고 준비 또한 수월해졌다.

국내 혼행의 두 번째 장점은 본인 체력에 대해 알게 된다는 점이다. 여행 중 힘들다고 느낀 일정이 있었다면 그 경로와 거리를 확인해보자. 여기서 중요한 포인트는 얼마나 걸었는지다. 도보로 이동한 시간과 거리를 정확하게 기록해두자. 어느 정도 걸었을 때 피로가 얼마나 쌓였는지 미리 파악해두면 그다음 여행 계획에 참고할 수 있다. 만약 당신이 한 도시에서의 도보 여행을 준비한다면 거리가 가까운 관광지를 묶어 일정을 계획할 것이다. 그 경로를 도보로 이동해도 괜찮을까 하는 의구심이 들 때 본인의 과거 여행 거리와 지금 계획하고 있는 거리를 대조해보라. 거리가 경험해본 것보다 더 멀다면 여행 계획을 조정하는 게 좋다.

세 번째 장점은 숙소에 대한 취향과 안목이 생긴다는 것이다. 국내여행 시 게스트하우스나 호스텔에 숙박하면 어떤 시설이나 서비스가 없을 때 제일 불편한지, 무엇을 가장 필요로 하는지 알게 된다. 앞서 숙소를 예약할 때 고려해야 할 요소를 언급했는데, 국내여행을 통해 개인적으로 추가되는 요소가 생기고 본인의 우선순위도 정립될 것이다. 이는 본인에게 가장 적합한 기준이므로 해외여행 때에도 이를 토대로 숙소를 찾으면 된다. 당일치기나 1박 2일처럼 짧은 국내여행은 그리 큰 도움이 되지 않을 수 있다. 본인의 해외여행 계획에 맞춰 국내여행을 계획해보자.

만약 당신의 여행 기간이 길다면 짧게는 일주일, 길면 2주에 한두 번은 개인실에서 숙박하기를 추천한다. 모르는 사람과 방을 함께 쓰는 건 육체적, 정신적으로 피곤한 일이다. 혼자 있을 때와 달리 입고 먹고 말하는 본인의 모든 행동이 제약될 뿐만 아니라 타인의 행동도 신경 쓰이기 때문이다. 혼행러는 모든 일을 혼자 해내야 한다. 24시간 촉각을 곤두세울 수밖에 없다. 긴장을 풀고 휴식을 취할 혼자만의 공간이 없다면 여행 기간 내내 고생할 수밖에 없다. 개인실이라니 몇 끼 식사나 이틀치 숙박비를 날릴까 봐 염려되겠지만, 개인실에서 숙박하는 건 여행하는 본인을 위한 배려다. 본인에게 좀 더 충분히, 온전하게 쉴 수 있는 시간과 공간을 선물하자.

나는 40여 일의 유럽 여행을 계획할 때 숙소는 여행 직전에야 알아봤다. 여행 경비를 벌기 위해 투잡을 뛰며 아침 7시에 나가고 새벽 2시에 들어오기를 반복하니 피로가 쌓여 여행 계획을 짤 수 없었다. 숙소 예약을 못했다는 불안감이 엄습했을 때에는 출발이 한 달 즈음 남은 시점이었다. 여행 일정은 유럽의 크리스마스 마켓 행사가 시작되고 끝나는 기간에 속해 있었다. 이미 많은 숙소의 예약이 꽉 차 있었고 개인실밖에 남지 않은 경우가 많았다. 결국 숙소에

쓰려던 예산보다 훨씬 많은 돈을 지출하게 됐다. 숙소를 미리 예약해두지 않은 나를 무척이나 원망했다. 그러나 막상 가보니 개인실은 스스로에게 짜증을 냈던 과거가 민망해질 만큼 매우 편했다. 여행을 다녀온 뒤 숙소 예약을 늦게 하길 잘했다는 생각마저 들었다. 숙소를 일찌감치 잡아뒀다면 돈을 아끼려고 도미토리로만 예약했을 것이 뻔했기 때문이다. 계획대로 되지 않은 셈이긴 했지만 조용한 개인실에 묵었던 경험은 여행 중 지쳤던 순간에 빛을 발했다.

우리는 즐겁고 행복하기 위해 여행을 간다. 여행을 준비할 때에나 여행 중일 때에는 경비 절약을 이유로 본인을 배려하지 않을 수 있다. 여행의 목적을 잊지 말자. 여행하며 마주할 선택의 순간마다 당신이 행복하고 즐거울 수 있는 길이 무엇인지 생각해보라. 모든 문제의 답은 언제나 당신 안에 있다.

CHAPTER 3

여행 출발 전

막바지 점검을
해볼까?

환전은 어떻게 하고 현금은 어디에 보관해야 안전할까?

이제 출발이 얼마 남지 않았다. 혹시 환율이 더 내려갈까 싶어서 틈날 때마다 환율을 확인해보지만, 소폭 등락과 제자리를 반복하는 듯하다. 간혹 몇 십 원씩 오르기라도 하면 제발 더 오르지 않기를 바라며 마음을 졸인다.

환전할 때가 다가오니 또 다른 고민이 생겼다. 여행 경비 중 얼마를 현금으로 환전할지다. 사람들의 경험담을 보니 보통 현금 대 카드 비율을 4:6이나 3:7 정도로 잡는다고 한다. 현금을 많이 갖고 다니면 관리하느라 힘들 듯하다. 또 적게 챙기면 현지에서 인출해야 할 것이다. 그런데 해외여행 중 현금인출기를 이용했다가 카드 복사 피해를 봤다는 사람이 많다. 그게 두려워 현금을 두둑히 가져갔다가 소매치기를 당할까 봐 또 걱정이다. 대체 환전은 어떻게 하고 현금은 어디에 보관해야 할까?

환전하는 사람이 100명이면 그 방법도 100가지

여행자는 출국 날짜가 다가올수록 시시각각 바뀌는 환율과 눈치 싸움을 한다. 조금이라도 저렴하게 환전하고 싶기 때문이다. 5원, 10원 차이에 안도하기도 하고 갑자기 치솟는 환율에 '진즉 환전할걸' 후회도 한다. 해외여행을 앞둔 이라면 한 번쯤 이런 경험을 했을 테지만 오르내리는 환율에 일희일비하지 않아도 된다. 엄청난 고액을 환전하지 않는 이상 손해가 크지 않기 때문이다.

쉬운 예를 들기 위해 환전 수수료가 없다고 가정한 후 가상 환전을 해보자. 만약 1달러 환율이 1,000원일 때 500만 원을 달러로 환전하면 5,000달러로 바꿔 받는다. 그런데 1달러 환율이 1,030원으로 오른다면 4,854달러로 바꿔 받는다. 250달러는 25만 원 정도니 이 정도면 꽤 큰 손해다. 그렇다면 비교적 소액인 100만 원을 달러로 환전해보자. 1달러 환율이 1,000원일 때 100만 원을 달러로 환전하면 1,000달러를 받게 된다. 그런데 1달러 환율이 1,030원으로 오른다면 970달러를 받게 된다. 차액은 30달러, 약 3만 원이다. 환전 금액인 100만 원에 비하면 3퍼센트밖에 안 되는 돈이다.

물론 티끌 모아 태산이고 1, 2만 원이라도 아껴 경비에 보태고픈 여행자가 있을 것이다. 그들을 위해 3장 마지막에 환전으로 경비를 절약하는 방법을 자세히 다루겠다. 환전 시기만큼이나 어떻게 환전할지도 중요하다. 그러니까 현금과 카드의 비율을 어떻게 나눠 지출할지, 환전 금액을 어느 권종으로 나눠 받을지 고민해야 한다.

여행 커뮤니티나 포털 사이트 지식 서비스에는 해외여행 시 현금과 카드 결제 비율에 대한 질문이 자주 올라온다. 질문에 달리는 답변은 매우 다양하다. 어떤 사람은 여행 경비의 전부를 현금으로 환전하고 현금인출기에서 그때그때 인출한단다. 또 요즘은 카드를 안 받는 곳이 없다며 현금은 최대한 적게 가져간다는 사람도 많다. 앞에서 언급했듯이 4:6이나 6:4 같은 비율을 제시하는 사람도 있다. 답변은 저마다 명쾌하고 근거도 타당하지만 다른 사람의 기준을 그대로 따를 필요는 없다.

해외여행을 다녀온 경험이 있는 사람들은 본인 소비 스타일에 맞게 환전하면 된다. 어느 나라에 다녀왔고, 얼마나 오랫동안 다녀왔으며, 어떤 것에 돈을 얼만큼 썼는지, 카드 결제 수수료는 어느 정도인지 이미 파악한 덕분이다. 이는 전적으로 본인의 성향과 여행 경험에 최적화된 기준이다. 당신의 여행과는 완전히 상반된 스타일일 수도 있다. 그래서 해외여행 경비의 현금과 카드 소비 비율은 전적으로 '내 여행'에 맞게 조정해야 한다.

본인의 여행에 맞는 결제 비율을 정하려면 현금과 카드 사용에 어떤 장단점이 있는지 알아야 한다. 또 여행 기간에 따른 결제 비율 및 방법과, 본인이 여행할 나라가 어떤 결제 방식이 편리한지, 본인은 주로 어떤 것에 지갑을 여는지를 알아야 한다. 이를 토대로 내 여행에 맞는 환전 방법이 결정된다.

내 여행에 맞는 환전 방법

먼저 현금과 카드의 장단점을 알아보자. 외국에서 카드를 주로 사용하면 결제와 현금인출기 사용이 편리하다. 그러나 사용할 때마다 수수료가 붙는 단점이 있으며, 간혹 결제나 현금 인출 시 카드 복제 피해를 입기도 한다. 안타깝지만 카드 복제 피해를 100퍼센트 막을 수 있는 방법은 없다. 그러나 최대한 조심할 수는 있다. 반드시 길거리에 있는 현금인출기보다 규모가 큰 은행 안에 있는 현금인출기를 이용해야 한다. 비밀번호를 입력할 때는 누가 뒤에 있는지 확인하고 키 패드를 손바닥으로 가리는 게 기본이다. 또 카드 복제기가 달렸는지 확인하기 위해 카드 출입구 커버를 잡고 흔들어보는 방법도 있다. 너무 세게 흔들면 경찰이 올 수 있으니 힘 자랑은 자제하자.

현금인출기 말고도 상점 및 음식점에서 카드를 다른 곳으로 가져가 결제하면 복제될 수 있다. 이를 방지하려면 카드 승인 과정을 눈앞에서 확인하는 게 좋다. 또 본인이 얼마 이상 지출할 계획이 없다면 해외 승인 한도를 낮춰놓는 것도 고액 피해를 막는 방법이다.

이제 현금의 장단점을 알아보자. 현금의 가장 큰 장점은 결제 수수료가 전혀 없다는 점이다. 또 가끔 현금만 받는 곳에 갔을 때 당황할 일도 없고 적당한 현금 보유는 막연한 불안감도 없애준다. 그러나 사람들이 현금을 많이 가져가지 않으려는 가장 큰 이유가 있다. 바로 분실이나 도난 문제 때문이다. 현금을 잃어버리면 원금을 찾기는커녕 그 어떤 보상도 받지 못할 확률이 높다. 물론 이런 단점을 보완해주는 여행자 수표가 있다. 수표는 도난당해도 재발급이 가능하고 타인의 부정 사용을 막을 수 있다는 장점이 있다. 그러나 수표를 현금으로 교환해주는 환전소나 발급 은행을 찾아다니기 번거로워 널리 쓰이지 않는다. 또 발급 은행이 아닌 타행에서 교환하면 수수료가 발생하는 단점이 있다.

현지에서 현금과 카드 중 어떤 수단으로 결제해야 손해가 없는지 궁금할 것이다. 결론부터 말하면 카드 결제가 조금 더 손해다. 카드로 결제하면 비자VISA, 마스터MASTER, 아멕스AMEX 등 국제 카드 브랜드의 수수료에 국내 카드사의 해외 이용 수수료가 추가되기 때문이다. 국제 카드 브랜드사의 수수료는 대개 1퍼센트 전후이며, 국내 카드사의 해외 이용 수수료는 대개 0.2~0.3퍼센트대다. 실제 결제 금액보다 1~2퍼센트가 붙어 청구되는 것이다. 물론 카드 결제도 고액 결제가 아니면 손해가 그리 크지 않다. 해외 카드 결제 시에는 매매 기준율이 아니라 송금할 때 환율인 전신환 매도율이 적용된다.

예를 들어 1달러 전신환 매도율을 1,000원으로 잡고 1,000달러(한화 100만 원)를 결제했다고 가정해보자. 국제 카드 브랜드사의 수수료를 1퍼센트로 잡고, 국내 카드사의 해외 이용 수수료를 0.3퍼센트로 잡는다면 1,000달러에서 1.3퍼센트가 추가된 금액이 청구된다. 1,000달러는 100만 원이고, 100만 원의 1.3퍼센트는 13,000원이다. 즉, 1건의 결제 금액이 100만 원일 때 수수료는 13,000원 정도가 부과된다. 50만 원대의 수수료는 6,000원대, 10만 원대 결제 금액의 수수료는 1,000원대다. 결제 금액에 비해 상당히 적은 액수다. 이보다 더 적은 소액 결제는 수수료가 더 적게 붙으므로 손해를 본다고 말하기도 애매하다. 오히려 손해를 본다고 할 수 있는 쪽은 현금인출기다. 대체로 출금액에 수수료 1퍼센트가 붙으며 인출 건별로 수수료가 붙는 카드도 있고, 현금인출기 기기마다 자체 출금 수수료가 붙을 수도 있다.

사실 현금과 카드 중 어느 하나가 낫다고 이야기하기 어렵다. 개인의 평소 소비 습관이 얽혀 있는 문제이기 때문이다. 결국 본인이 현금과 카드의 장단점을 어떻게 수용할지에 달려 있다. 또 결제 수단을 정할 때는 여행 기간, 나라별 결제 방식, 소비 스타일별 결제 방식도 반영해야 한다. 먼저 여행 기간에 따른 결제 비율 및 방법에 대해 알아보자.

단기 여행은 장기 여행에 비해 경비가 적게 든다. 현금 보유에 대한 부담도 상대적으로 덜하기에 전액 현금 환전이 이득이다. 카드는 결제든 인출이든 무조건 수수료가 붙으므로 경비 절약 면에서 현금이 좋다. 반대로 여행 기간이 긴 경우 현금 보유 부담이 커진다. 대부분의 장기 여행자들은 필요한 금액을 그때그때 현금인출기에서 인출하거나, 현금 보유를 최소화하고 주로 카드로 결제한다.

또한 나라별로 어떤 결제 방식이 편리하고 이득인지 알아봐야 한다. 일본에 간다면 여행 경비의 전부를 현금으로 환전하는 편이 낫다. 일본은 현금 사용률이 높아 현금만 받는 곳이 많고 카드 결제기가 아예 없는 곳도 많다. 또 치안이 좋은 편이라 소매치기를 당하는 일이 매우 드물어 현금을 가지고 다녀도 별로 불안하지 않다. 물론 도미토리 내에서는 절도를 당할 수 있으니 조심해야 한다. 또 다른 예로 아이슬란드는 카드 사용이 굉장히 보편화된 나라다. 플리마켓처럼 개인이 물건을 사고파는 경우 외에는 거의 모든 곳에서 카드로 결제할 수 있어 현금 없이도 여행이 가능한 나라라고도 한다. 이렇듯 나라마다 선호하는 결제 방식이 제각각이다. 여행할 나라에서 주로 쓰는 결제 방식에 대해 잘 알아본 뒤 환전하자.

마지막으로 본인 소비 스타일을 고려하자. 고가 물품을 자주 구매할 예정이면 현금을 많이 가져가면 좋다. 카드 고액 결제는 수수료 부담이 크다. 주로 소액만 결제할 예정이라면 현금이나 카드나 큰 차이 없다. 적은 수수료도 아끼고 싶다면 현금 위주로 결제하자.

현금과 카드 사용의 비율을 정하는 것은 꽤나 머리 아프고 번거로운 일이다. 결국 각자가 편한 방법이 제일 좋은 방법이다. 본인이 보다 안심되고 간편한 방향으로 정해야 한다. 결제 비율을 정하고 나면 남은 문제는 하나. 권종을 어떻게 분리해 환전할지다.

무엇이든 분리가 답

은행에서 환전을 신청한 후 면대면으로 외화를 수령하거나 현금인출기에서 인출할 때는 어떤 권종으로 나눠 받을지 선택해야 한다. 만약 백화점이나 면세점 등에서 고액 물품을 구매할 예정이라면 고액 권종을 받아도 좋다. 큰돈이 오가는 곳은 위조지폐 검사만 하고 바로 결제할 수 있다. 그러나 고액을 결제할 예정이 없다면 소액권 위주로 받는 것이 좋다. 규모가 작은 상점이나 음식점은 고액권을 받지 않을 수도 있기 때문이다. 유럽에도 한화 약 6만 원 상당의 50유로 지폐를 받지 않는 소매점이 많다.

여행 중 고액권을 소액권으로 나누기 위해 저렴한 물건을 구매하면서 고액권을 내면 거스름돈 사기를 당할 가능성이 있다. 3,000원을 지불하기 위해 5만 원권을 냈는데, 상점 주인은 1만 원권을 받았다며 7,000원만 거슬러주는 식이다. 또는 거스름돈이 없으니 기다리라며 시간을 끌고 결국 주지 않거나, 나중에 다시 오라고 하거나, 무슨 말을 하는지 모르겠다고 하는 경우도 있다.

현지어에 능통하지 않아도 좋다. 일단 큰소리로 받아야 할 돈을 요구하며 경찰을 부르겠다고 하자. 그들은 당신이 당황해 포기하길 원하는 것뿐이다. 그들 역시 귀찮은 상황은 바라지 않으므로 본때를 보이면 돌려주기도 한다. 돈을 제대로 돌려받든, 돌려받지 못하든 이런 일을 당하면 기분이 상하기 마련. 처음부터 사기 칠 여지를 주지 말아야 한다. 그렇다고 소액권만 가져가면 지갑이 너무 두툼해진다. 숙박비 결제, 벼르던 쇼핑 등 고액 지출을 할 수 있으므로 본인의 소비 유형을 예상해서 필요한 고액권도 꼭 챙기자.

카드와 현금의 보관 방법도 중요하다. 일단 체크 카드나 신용카드 할 것 없이 두 장씩 가져가자. 분실 및 도난, 카드 복제 피해를 입어 카드가 정지되면 다른 카드를 써야 하기 때문이다. 예비 카드는 복대, 자물쇠가 채워진 가방 및 캐리어에 보관하는 것이 좋다. 현금도 무조건 분리해 보관하는 게 좋지만 비행기를 탈 때에는 절대로 위탁 수하물 내에 현금을 넣어선 안 된다. 공항 직원들이 캐리어를 열고 현금만 빼가는 일이 잦기 때문이다. 항공사 대부분은 현금 및 귀중품을 위탁 수하물에 보관하지 말라고 권장하며 분실 사고에도 보상은 이뤄지지 않는다. 여행 출발 시에는 모든 현금을 소지하고 여행지에 도착한 뒤 지갑이나 복대, 가방, 캐리어에 분리해 보관하자. 누군가는 신발 밑창이나 핸드폰 케이스 안에 넣어놓기도 하고, 지퍼 속옷에 넣어놓는 사람도 있다. 현금을 분산해 보관하면 어느 하나를 도난당하거나 잃어버려도 큰 타격이 없다.

여권이나 당장 필요한 현금은 손이 잘 닿는 곳에 소지할 것. 패스를 이용한 교통수단을 탈 때 직원이 여권을 요구할 수 있고, 공공장소에서는 급히 현금을 써야 할 경우가 많기 때문이다. 카드, 현금 모두 안전하게 보관하려면 복대에 넣자. 더 좋은 방법은 옷 안에 복대를 채우는 것. 수준급의 소매치기는 안주머니에서도 순식간에 지갑을 빼간다. 그러나 옷을 들추는 건 추행이다. 절도보다 추행이 더 큰 범죄이며, 그런 위험까지 감수하며 훔치는 소매치기는 없으므로 복대가 가장 안전한 방편이다. 만약 돈을 사용할 때마다 지갑을 꺼내는 것이 번거롭고 옷태도 중요하다면 복대를 쓰지 않아도 된다. 하지만 소매치기를 당할 위험성은 높아진다는 것은 꼭 알아두자.

해외여행은 신경 쓸 일투성인 참으로 복잡한 일이다. 그러나 이제 짐 싸는 일만 남았다. 그동안 여행을 준비하며 여러 가지로 힘들었겠지만 코앞으로 다가온 출국을 위해 조금만 더 힘내자!

배낭 vs 캐리어
어디에 뭘 담아갈까?

이제 짐만 싸면 여행의 모든 준비도 끝이다. 한결 가벼워진 마음으로 해외여행 시 챙길 준비물을 검색했더니 수십 가지가 기본으로 나온다. 이렇게 많은 걸 챙겨야 하나 싶었지만 찬찬히 보니 정말 다 필요한 것만 같다. 이건 두고 가자 싶어 리스트에서 지웠다가 '막상 없으면 불편하지 않을까, 두고 갔다 진짜 필요해져서 결국 사면 그게 더 아깝지'라는 생각에 다시 리스트에 넣기를 반복한다. 모든 것이 중요해 보여 다 챙기긴 했는데 이렇게까지 가져가는 게 맞는 건지 모르겠다.

또 이 모든 짐을 배낭을 넣어 갈지, 캐리어에 넣어 갈지도 고민이다. 배낭은 더 무겁고 보기에도 별로일 것 같은데 캐리어는 바닥에 바퀴가 있으니 이동이 더 편하지 않을까? 하지만 배낭을 가져가는 여행자도 많고 추천하는 사람도 생각보다 많아서 고민이 된다. 배낭이나 캐리어 중 어떤 걸 고르고 어떤 준비물을 가져가는 게 좋을까?

배낭이냐 캐리어냐, 그것이 문제로다

이제 짐만 싸면 실제적 여행 준비는 끝난다. 그러나 짐을 싸려고 해외여행 시 필수품을 찾아보니 챙길 게 어마어마하다. '이건 그냥 빼자!' 했다가 선배 여행자가 역설하는 필요성이 떠올라 다시 짐에 넣게 된다. 어떤 물건을 가져갈지도 중요하지만 어디에 넣어 가져갈지도 굉장히 중요한 문제다. 짐을 어떻게 갖고 여행하느냐는 여행자의 체력과 이동에 큰 영향을 주기 때문이다. 그렇다면 배낭과 캐리어는 각각 어떤 장단점이 있는지 알아보자.

먼저 여행의 상징처럼 여겨지는 캐리어를 보자. 캐리어의 가장 큰 장점은 바퀴다. 무거운 짐을 어깨에 메지 않고 이리저리 끌고 다니며 이동할 수 있다. 특히 무거운 짐이 많을수록 캐리어가 좋다. 캐리어를 끌고 다니며 체력을 아끼고 짐 정리 또한 간편하기 때문이다. 캐리어는 180도 펼쳐져 어디에 뭐가 있는지 한눈에 알 수 있고 필요한 물건을 쉽게 찾을 수 있다. 다양한 재질, 컬러, 패턴 등을 자랑하는 캐리어는 깔끔하고 예쁜 디자인이 많아 취향에 따른 선택의 폭이 넓다.

캐리어의 가장 강력한 단점은 무겁고 크다는 점이다. 포장이 잘된 평지만 이동하면 좋겠지만 때로 난코스가 나타난다. 에스컬레이터나 엘리베이터가 없는 곳에서 계단으로 이동할 때면 캐리어를 들어 옮기는 일이 고역이다. 또 급하게 뛰어야 하는 위급 상황에서 캐리어는 불편 그 자체다. 열차 출발 시각 5분 전 28인치 캐리어를 끌며 뛴 적 있는데, 바퀴가 중심을 잡지 못하고 몇 번씩 나동그라지는 바람에 몹시 힘들었다. 게다가 캐리어는 어깨에 메기만 하면 양손이 자유로운 배낭과 달리, 항상 잡거나 어디에 묶어둬야 도난을 방지할 수 있다.

다음으로 배낭의 장단점을 알아보자. 배낭의 가장 큰 장점은 이동의 편리함이다. 항상 어깨에 메고 있으니 들었다 내렸다 할 필요가 없고, 캐리어처럼 손잡이를 잡을 일도 없어 양손이 자유롭다. 덕분에 화장실에 다녀올 때도 편하다. 캐리어는 화장실 칸 안으로 갖고 들어가기가 불편하지만, 배낭은 가뿐히 메고 들어갈 수 있기 때문이다. 배낭은 코인 로커를 이용하는 데에도 유리하다. 대개 크기가 큰 로커는 그 수가 한정돼 있다. 본인의 캐리어보다 큰 로커를 찾기란 하늘의 별 따기다. 배낭은 조금 더 작은 로커에도 구겨 넣을 수 있다. 게다가 배낭은 50리터 정도까지는 기내 반입 수하물로 가져갈 수 있다. 물론 각 항공사가 규정한 무게는 넘지 않아야 한다. 배낭 여행자는 다른 사람들이 위탁 수하물을 기다리는 동안 유유히 빠져나와 신속히 입국 심사를 받을 수 있다.

배낭은 장점이 많은 친구지만 치명적인 단점도 있다. 어깨에 항상 메고 다녀야 하기에 금세 피로해진다는 게 가장 큰 단점이다. 피로 누적은 여행자의 체력 고갈에 크고 작은 영향을 미친다. 또한 전면 개방이 되지 않는 배낭은 짐을 정리하고 물건을 찾기가 어렵다. 짐 정리를 할 때마다 짐을 모두 꺼냈다 넣기를 반복해야 한다. 숙소가 아닌 곳에서 소지품을 찾기 위해 짐을 모조리 꺼내 늘어놓았다가 분실하거나 도난을 당할 수도 있다. 게다가 대용량의 실용적인 배낭들은 디자인이 다소 투박하고 세련되지 않은 경향이 있다.

배낭과 캐리어 중 무엇을 가져갈지 고르는 데에도 신중함이 필요하다. 하지만 신중함보다 중요한 것은 당신이 선택한 가방이 당신의 여행에 진짜 맞느냐다.

내 여행에 꼭 맞는 가방

당신의 여행 기간은 얼마나 되는가? 주 단위일 수도, 월 단위일 수도 있다. 숙소는 얼마나 자주 옮길 예정인가? 숙소 몇 곳에서 길게 머물 수 있고, 여러 도시에 짧게 짧게 머물 수도 있다. 여행 스타일은 어떠한가? 관광이나 쇼핑 위주일 수 있고, 트레킹이나 도보 위주일 수도 있다. 배낭과 캐리어 중 무엇을 선택할지 고민된다면 본인의 여행을 먼저 분석해보자.

배낭과 캐리어가 각각 어떤 여행에 적합할지 따져보자. 먼저 배낭은 월 단위의 장기 여행, 트레킹이나 도보 여행, 숙소 이동이 잦은 여행에 적합하다. 이 세 가지 요소를 모두 만족시키는 스페인의 산티아고 순례길을 예로 들 경우 캐리어를 이용하는 순례자가 극히 적다. 본인의 여행이 이 세 가지 요소 중 하나 이상을 충족한다면 배낭을 가져가는 게 좋다. 이때 어떤 배낭을 가져갈지도 중요한 문제다. 전면 개방 배낭이 짐 정리와 짐 찾기에 편하다. 또 기본 무게가 가볍고 무게 분산을 위해 어깨 및 허리 끈을 조절하기 편한 배낭이 좋다. 이를 확인하려면 매장에 직접 가서 메본 후 구매하는 것이 좋다.

또 성별과 여행 시기 및 여행할 나라의 기온도 고려해야 한다. 백패킹 가이드북 《열혈 백패킹》에 따르면 여성의 경우 55리터~75리터, 남성의 경우 65리터~85리터의 가방이 무난하다고 한다. 여름 기후의 나라를 여행한다면 통기성이 좋은 메시 소재 가방이 좋다. 배낭 구매 시 등판과 어깨 접촉면, 허리 벨트를 꼼꼼히 살펴보자. 쇼핑 계획이 없는 1, 2박의 짧은 여행은 캐리어보다 배낭이 낫다. 이때는 크기가 적당하고 편한 배낭을 메고 가자. 짐 정리나 짐 찾기가 번거로울 수 있지만 오랜 여행이 아니므로 큰 불편함은 없을 것이다.

이제 캐리어를 살펴보자. 캐리어는 한 달 살기 여행자나 숙소 이동이 잦지 않은 여행자에게 어울린다. 하지만 여행 기간이 길수록 짐이 무거워져 옮겨 다니기 힘들다. 캐리어는 여행 기간도 중요하지만 이동을 적게 하는 여행자에게 더 적합하다. 또 폴딩백을 쉽게 끼울 수 있어 쇼핑 계획이 많은 여행자에게 편리하다. 캐리어를 가져가기로 결정했다면 크기도 고민될 것이다. 일주일 이내의 여행이라면 20~24인치 캐리어, 일주일 이상이면 26인치, 한 달 이상이라면 28인치 캐리어를 가져가는 게 좋다. 기간과 상관없이 배낭을 추가해도 좋다.

또 캐리어는 바퀴도 따져봐야 한다. 캐리어는 바퀴가 2개, 4개인 것이 있는데 사람들 대다수가 선호하는 캐리어는 바퀴 4개짜리다. 바퀴가 4개면 밀기, 끌기가 모두 가능해서 편리하다. 하지만 바퀴가 작아서 캐리어를 끌고 다닐 때 진동이 생겨 피로하고 수하물 운송 과정에서 파손되기도 한다. 또 바퀴가 고정되지 않아 에스컬레이터나 대중교통 이용 시, 또 경사진 곳에서 쉽게 굴러갈 수 있어 주의해야 한다.

이와 달리 바퀴가 2개인 캐리어는 고정이 가능하고 운송 과정에서 파손되는 경우도 거의 없다. 바퀴가 큰 편이라 팔에 전해지는 피로감이나 바퀴 소음도 덜하다. 그러나 바퀴가 360도 회전이 안 되는 모델이 많고 밀고 다닐 수가 없어서 불편할 수 있다. 유럽처럼 돌길이 많은 곳은 바퀴가 2개인 캐리어가 파손 가능성이 낮고 피로감도 덜하다는데, 실제로는 바퀴 4개짜리 캐리어를 갖고 다니는 사람이 대다수다. 캐리어를 오래 끌어본 적 없다면 매장에서 두 종류를 직접 비교해보고 선택하자.

캐리어의 재질은 소프트와 하드로 나뉘는데 각각 장단점이 있다. 소프트 캐리어는 천으로 만들어 가방 무게가 가벼운 것이 장점이다. 소재 특성상 신축성이 있어 짐이 늘어도 꾹꾹 눌러 담을 수 있다. 그러나 외부 충격에 약해 짐이 상할 우려가 있고 운송 과정에서 가방 겉부분이 찢어질 수도 있다. 따로 커버를 덮지 않으면 눈비에 젖는 단점도 있다. 이에 비해 하드 캐리어는 악천후와 외부 충격에 강하다. 하지만 소프트 캐리어보다 무겁고 형태가 고정적이라서 짐을 용량보다 더 넣을 수 없다. 하드 캐리어 소재는 ABS, PC, ABS+PC가 있다. ABS는 일반 플라스틱보다 충격과 열에 강한 합

성수지다. 디자인이 다양하고 저렴하지만 흠집이 잘 나고 깨질 우려가 있어 기내용 캐리어로 적합하다. PC는 폴리카보네이트로 방탄유리로도 사용되는 소재다. 두께가 얇으면서 튼튼해 오래 쓸 수 있다. 그러나 캐리어 형태가 제한적이고 가격대가 높다. ABS+PC는 두 소재의 장점을 혼용한 것이다. 디자인도 다양하고 ABS 캐리어에 비해 튼튼하며 가격대가 높지 않아 많은 여행자가 선호한다.

요즘은 짐이 늘어날 것을 감안해 가방 크기가 1, 2인치 늘어나는 확장 지퍼 캐리어가 많다. 또 짐의 분실 및 도난을 방지하기 위한 이중 안전 지퍼 캐리어도 있다. 일반 지퍼 캐리어는 펜 같은 것으로 잠금 장치를 꾹 누르면 지퍼가 열린다. 이중 안전 지퍼는 더 정교한 것으로 눌러도 열리지 않아 짐을 안전하게 보관할 수 있다. 최근에는 스마트 캐리어도 등장했다. 디지털 저울이 내장돼 있어 캐리어 무게를 알 수 있고 외부는 물론 내부까지 방수 처리돼 있다. 게다가 지피에스가 내장돼 캐리어의 위치 파악 및 원거리 잠금도 가능하다. 단점은 가격대가 꽤 높다는 것이다.

짐을 어디에 쌀지 정했는가? 그렇다면 이제 본격적으로 짐을 꾸려보자. 인터넷 검색창에 '해외여행 준비물'을 검색해보면 선배 여행자들이 추천하는 물품이 참 많다. 별생각 없이 모두 가져갔다가 짐만 될 수 있으므로 당신에게 진짜 필요할 물건은 무엇일지 따져봐야 한다.

나에게 진짜 필요할 물건

당신은 평소에 여러 가지 물건을 들고 다니는 편인가? 앞에서 계속 언급했지만 나는 본래 짐을 간소하게 들고 다니는 편이다. 그럼에도 여행 초보자일 시절에는 '혹시 필요하면 어쩌지?' 하는 불안감 때문에 이것저것 많이도 챙겨 다녔다.

아이슬란드로 첫 해외여행을 갈 때였다. 아이슬란드로서는 겨울에 속하는 시기긴 했으나 눈이 슬슬 녹기 시작하는 3월이었다. 북반구에 자리한 아이슬란드는 위도가 높고 바람이 많이 부는 나라라 체감 온도가 매우 낮다. 그래서 핫팩은 모든 여행자의 후기에 빠지지 않는 필수품이다. 그런데 나는 열이 많은 체질이라 평소 추위에 강한 편이다. 여행 전까지 내 돈 주고 핫팩을 사본 적이 단 한 번도 없었다. 온 국민의 교복인 패딩도 기온이 영하 10도 밑으로 떨어져야 입는다. 핫팩을 챙겨가야 할까 오래 고민했다. 여행 기간은 2주 남짓. 두꺼운 겨울옷 때문에 짐도 많은데 핫팩까지 챙겨야 하나 싶었다. 그러나 수많은 여행자가 한목소리로 핫팩을 외치고 있었다. 지인들은 내가 걱정이 됐는지 핫팩을 꼭 챙기라며 몇 개씩 선물했다. 덕분에 돈 한 푼 쓰지 않고 핫팩 30개가 생겼다.

'아, 진짜 안 쓸 것 같은데……. 근데 만약 필요하면 어떡하지?'

출발 전날까지 핫팩을 넣다 뺐다 반복하다가 도움이 되겠지 싶어 챙겨갔다. 하지만 아이슬란드에 가서도 나는 역시 추위를 타지 않았고 핫팩은 짐만 됐다. 동행들도 핫팩을 충분히 챙겨와서 나눠줄 수도 없었다. 핫팩을 넣어놓은 파우치는 한 번도 열어보지 않고 그대로 가져왔다. 나중에 무게를 달아보니 2킬로그램에 달했다. 무엇을 위해 2킬로그램짜리 짐을 들고 다녔을까 싶었다.

여행에서 짐은 짐이 된다는 말이 있다. 다른 사람들에겐 꼭 필요한 물건도 나에게는 짐만 될 수 있다. 가장 기본적인 생필품과 나에게 꼭 필요한 물건만 챙기자. 먼저 인터넷 검색을 통해 본인에게 필요할 물건이 가장 많이 포함돼 있는 체크 리스트를 골라보라. 항목별로 나눠져 있다면 더 좋다. 체크 리스트에 여행 기간, 방문할 나라, 취향에 따라 필요 물품을 가감하면 자신만의 물품 체크 리스트가 만들어진다. 체크 리스트를 출력해 물품을 챙길 때마다 하나씩 지워나가면 꼼꼼히 짐을 꾸릴 수 있다.

이제 짐 챙기기 실전이다. 여기서는 일반적이고 기본적인 물품을 다룰 것이다. 여행할 나라에 따라 준비물은 천차만별로 달라지므로 본인이 방문할 곳에 꼭 필요한 것만 체크해 짐을 챙겨야 한다.

첫 번째는 여권 및 각종 서류, 결제 수단이다. 여권 사본과 여권 사진도 몇 장 챙겨놓자. 혹시 모를 여권 도난 및 분실에 대처하기 위해서다. 항공권, 열차 티켓, 각종 패스, 숙소 바우처도 인쇄해가자. 앞에서 언급했듯 신용 및 체크 카드는 2장씩 가져가고 현금은 무조건 기내에 가지고 탑승하는 것도 잊지 말자.

두 번째는 위생 및 기타 용품이다. 위생 용품이 없는 숙소도 있고, 있다 해도 외국 제품이 맞지 않을 수 있으니 평상시 쓰는 제품을 챙기자. 공병에 나눠 가거나 소용량 일회용품을 여러 개 챙기면 된다. 숙소에서 수건이 유료이거나 제공되지 않는다면 수건도 가져가자. 장기 여행이거나 물놀이 일정이 있다면 스포츠 타월이 편리하다. 장기 여행자는 빨랫비누를 지퍼백에 넣어가자. 손톱깎이를 챙겨가는 것도 상당히 이롭다. 손톱이 생각보다 빨리 자란다. 드라이기는 대체로 숙소에 구비돼 있으나 개인에 따라 가져가기도 한다.

세 번째는 의류, 신발 및 잡화다. 짐이 늘어나는 이유는 옷이 90퍼센트다. 자주 입고 좋아하는 옷 위주로 챙기자. 한국에서 안 입는 옷은 거기서도 안 입게 된다. 반드시 착용하는 잠옷이 있다면 본인 성향에 맞춰 가져가자. 속옷은 현지에서 세탁해 입거나, 오래된 것을 가져가 입고 버리거나, 일회용 속옷을 활용해도 좋다. 선글라스, 모자, 장갑, 목도리, 내복 및 수영복은 여행할 나라와 시기에 따라 챙긴다. 슬리퍼는 꼭 가져가자. 실내에서 신발을 벗지 않는 문화권을 여행할 경우 숙소를 돌아다니거나 화장실을 이용할 때 매우 편하다.

네 번째는 전자 기기다. 전자 기기 및 배터리는 무조건 기내 수하물에 포함된다. 충전기는 위탁 수하물로 부칠 수 있다. 우리나라와 전압이 다른 나라에 간다면 멀티 어댑터를 꼭 챙기자. 핸드폰 도난이 걱정된다면 공기계를 가져가도 좋다. 관광 시에는 공기계를 사용하고 숙소에서는 원래 쓰던 핸드폰을 사용하는 것도 한 방법이다.

다섯 번째는 식량 및 상비약이다. 식량으로는 보통 햇반, 컵라면을 챙겨가며 팩 김치나 고추장을 챙기는 여행자도 있다. 식문화가 다른 나라에 가면 개인 젓가락을 가져가는 것도 큰 도움이 된다.

라면을 포크로 먹어야 할 수도 있기 때문이다. 상비약은 기본적으로 멀미약, 소염 진통제, 종합 감기약, 소화제, 파스를 가져간다. 배앓이를 자주 하는 체질이라면 지사제를 챙기고 상처에 대비해 연고를 가져가도 좋다.

여섯 번째는 도난 방지 물품이다. 외국에서는 핸드폰이나 지갑 도난이 가장 흔하다. 대부분의 여행자는 가방과 물건을 이어주는 스프링 줄을 가져간다. 또 소매치기로부터 가방을 보호하기 위해 지퍼를 고정할 옷핀과 자물쇠도 많이 가져간다. 자물쇠는 2, 3개 정도 넉넉하게 가져가는 것이 좋다. 숙소나 기차 등에서 캐리어를 도난당하는 일을 방지하기 위해 와이어 락을 챙기는 것도 안전한 선택이다.

마지막은 기타 편의 용품이다. 빨랫줄, 빨래집게, 옷걸이, 핫팩은 여행 기간, 여행할 나라 및 시기에 따라 가져가자. 압축팩과 지퍼백은 물품 보관에 용이하다. 가벼운 우산이나 우비를 챙겨도 좋다. 장기 여행자이거나 야간 기차 및 버스를 자주 이용할 경우 목베개, 귀마개, 안대를 챙겨가면 숙면에 도움이 된다. 목베개 부피가 부담스럽다면 공기를 주입해 쓰는 목베개도 좋다. 반짇고리를 챙겨가는 것도 의외로 도움이 된다. 유심칩을 바꿔야 하는데 핀이 없어져 반짇고리의 바늘을 이용해 끼운 적 있다.

여행 짐은 가벼울수록 좋다는 사실은 아무리 강조해도 지나치지 않다. 본인에게 꼭 필요한 물건만 선별해 짐을 챙기자.

나도 소매치기를 당하면 어쩌지?

이제 여행 준비는 끝났다. 혹시 예약에 실수는 없었는지 점검하고 새로운 현지 정보가 있을까 싶어 매일 여행 커뮤니티를 들락거린다. 이내 마음이 불안해진다. 소매치기나 사기를 당했다는 사람들은 왜 이렇게 많을까? 잠깐 한눈팔았더니 가방 지퍼가 열려 있었다거나, 주머니에 손을 넣었는데 다른 사람의 손이 있었다는 일화를 읽으면 오싹하다. 또 거스름돈을 받았는데 위조지폐였다거나, 받아야 할 거스름돈보다 덜 받았다는 경험담을 보노라면 화가 솟구친다. 출발 전부터 현지의 불안한 치안에 질린다. 어떤 사람은 구더기 무서워 장 못 담그냐며 너무 겁먹지 말라고 조언하지만 현실적인 도움은 아니다. 나도 당하면 어떡하지?

구더기 무서워 장 못 담그는 현실

출발이 얼마 남지 않았다면 예약 일정을 점검해보자. 숙소나 교통편의 예약 실수를 찾을 수도 있다. 또 SNS나 여행 커뮤니티에서 현지 최신 정보를 알아봐도 좋다. 파업이나 테러, 태풍, 지진, 홍수 같은 천재지변이 생길 수 있기 때문이다. 여행 후기에서 사람들의 옷차림도 유심히 봐야 한다. 현지 날씨는 여행자의 컨디션과 직결되는 까닭이다. 특히 예상치 못한 추위라면 더더욱 그렇다. 현지 정보를 찾다가 다양한 인증 샷을 보기도 한다. 유명한 맛집과 포토 스폿, 신나는 액티비티 사진을 보면 즐겁게 여행할 생각에 들뜬다. '여긴 꼭 가봐야지, 나도 저거 먹어볼 거야'라며 새로운 여행 일정을 추가하기도 한다.

반갑지 않은 이야기에 두려울 때도 있다. 바로 소매치기나 사기를 당한 사람들의 경험담이다. 어느 여행 커뮤니티든 소매치기와 사기 사례가 끊이지 않는다. 불미스러운 일은 아시아, 유럽, 아메리카, 오세아니아, 아프리카 할 것 없이 지구 곳곳에서 일어난다. 일본은 본래 소매치기 청정국이었지만 최근에는 일본에서 소매치기를 당했다는 경험담도 종종 보인다. 현지의 중국인 관광객이나, 관광객을 극단적으로 혐오하는 현지인들도 소매치기를 한다니 일본이라고 무조건 안심할 순 없을 듯하다.

소매치기 피해 사례를 보면 눈에 보이는 얕은 수부터 언제 어디서 어떻게 당했는지 모를 수법까지 다양하다. 범죄 주체도 거리를 지나던 현지인이나 상점 직원 할 것 없다. 도대체 누굴 믿어야 할지 모르겠다. 왜 타인이 힘들게 노동한 대가를 훔쳐가는 걸까 화가 난다. 내가 당하면 어떡하지 하는 불안감도 생긴다. 여행 전부터 여행지에 대한 실망과 불신이 팽배해진다. 이런 글은 볼수록 스트레스만 받게 되니까 보지 않는 편이 정신 건강에 좋다는 걸 안다.

하지만 그게 맘대로 되지 않는다. 아니 오히려 피해 글만 유독 눈에 들어온다. 가까운 이들에게 불안감과 두려움을 호소해봤자 "그런 걸 왜 찾아봐서 스트레스를 받느냐"며 타박한다. 피해 글에 달리는 댓글도 주변 사람들 반응과 비슷하다. 걱정 말고 두 눈 딱 감고 가라는 댓글이 많다. 혹자는 그런 일을 당하는 경우는 드물다며 그냥 조심하면 괜찮다고 말한다. 속 편한 조언을 보면 더욱 답답해진다.

여행지에서 소매치기나 사기꾼을 만날지도 모른다는 생각이 드는 건 자연스러운 현상이다. 하지만 불안에 떠느라 정작 중요한 걸 놓칠 수 있다. 이 불안감을 어떻게 잠재울 수 있을까? 지금까지 그래왔듯 우리의 진짜 고민이 무엇인지 생각해보자. 여행 중 소매치기나 사기꾼를 당할까 봐 걱정이라면 범죄의 표적이 될 만한 행동을 알고 미연에 방지해야 한다.

소매치기는 누굴 노릴까

소매치기의 타깃이 되는 행동과 유형을 알아보자. 첫째, 누가 봐도 관광객 티가 팍팍 나는 사람이 타깃이 된다. 남는 건 사진뿐이라는 말 그대로 우리는 여행 중에 많은 사진을 찍는다. 또 이왕이면 멋지고 세련된 차림을 하고서 찍고 싶다. 그러나 치장이 너무 지나쳐 눈에 유독 잘 띄는 관광객은 소매치기의 표적이 될 수 있다. 현지인과 이질감 없는 옷차림이나 한국에서처럼 무난한 차림이 좋다.

유럽에서는 여행자의 옷이나 가방에 오물 테러를 한 후 물건을 훔치기도 한다. 진짜 오물은 아니고 인공 오물인데 냄새가 나는 것도 있고 색도 여러 가지다. 오물이 묻었다고 말해주거나 닦아주겠다며 다가오는 사람이 오물을 묻힌 소매치기다. 여행자가 오물을 닦으며 경황이 없는 사이 물건을 훔친다.

둘째, 쇼핑백을 여러 개 들고 있는 상황도 조심해야 한다. 쇼핑백을 많이 들고 있으면 금전적 여유가 많은 사람이라는 인상을 준다. 옷이든 신발이든 가방이든 시계든 명품 브랜드로 단장한 사람은 더욱더 표적이 된다. 들고 있는 쇼핑백이나 갖고 있는 명품을 직접 훔칠 수도 있지만, 무방비한 틈을 노려 핸드폰 같은 물품을 소매치기할 때가 많다. 첫 번째 사례보다 소매치기의 표적이 될 확률이 높으므로 물품 관리에 더욱 유의해야 한다.

셋째, 소매치기에 무방비해 보이는 여행자도 위험하다. 소매치기는 쓱 지나가며 닥치는 대로 물품을 훔치지 않는다. 표적으로 삼은 사람을 유심히 보고 지갑이나 핸드폰을 어디에 넣었다 꺼내는지, 도난 방지를 위한 물품을 갖고 있는지, 얼마나 주위를 경계하는지 확인한다. 종합적인 진단 후 알맞은 대상에게 접근한다. 이따금 도난 방지 물품을 과하게 착용하면 오히려 소매치기의 타깃이 된다고 말하는 사람도 있다. 하지만 사람들의 이목을 끌긴 해도 소매치기는 당하지 않았다는 여행 후기가 더 많다. 소매치기 입장에서 보면 주머니에 핸드폰이나 지갑을 덜렁 넣고 다니는 사람이 있는데, 도난 방지 물품이 가득한 사람에게 굳이 덤빌 이유가 있을까?

도난 방지 물품으로 무장한 상태에서 소매치기를 당했다는 여행자도 있다. 믿는 구석이 있다고 방심했다가 한순간에 털린 것이다. 특히 스프링 줄이나 옷핀만 사용하는 경우가 그렇다. 스프링 줄은 끊으면 되고 옷핀은 빼내면 그만이다. 가방에 자물쇠를 채우거나 도난 방지 가방을 메면 소매치기 당할 확률이 낮아진다. 자물쇠를 단 가방은 주인도 열기 힘들고, 도난 방지 가방은 칼로도 잘 찢어지지 않는다. 자물쇠는 귀찮고 도난 방지 가방도 마음에 들지 않는다면 본인이 각별히 신경 쓸 수밖에 없다.

소매치기는 거리와 관광지에서 흔하게 벌어진다. 핸드폰을 보고 있을 때 덥석 가져가 인파 속으로 사라지거나, 오토바이를 타고 그대로 도망가는 이들이 있다. 혼자 사진 찍기 힘든 혼행러는 핸드폰이나 카메라를 타인에게 주며 촬영을 부탁하곤 하는데, 이때 사진을 찍어준 후 카메라나 핸드폰을 갖고 도망가는 경우도 있다. 달리기 실력이 매우 특출나지 않은 이상 남에게 핸드폰을 주지 말자.

혼행러의 필수품이 돼버린 셀카봉도 관광객의 상징처럼 여겨져 소매치기의 표적이 될 수 있다. 핸드폰이 달린 셀카봉을 통째로 훔쳐간다니 셀카봉은 사진을 찍을 때만 꺼내자. 선배 여행자들은 '현지인처럼 다니는 게 최선'이라고 조언한다. 당연하다. 현지인은 셀카봉을 들고 다니거나 한껏 꾸민 차림으로 관광지만 골라 사진 찍는 일이 드무니까. 일부러 후줄근한 옷을 입으라거나 관광 명소에서 사진을 찍으면 안 된다는 말이 아니다. 소매치기의 표적이 될 수 있음을 알고 있자는 뜻이다.

다음으로 소매치기가 흔한 장소는 음식점과 숙소다. 우리나라에서는 음식점 식탁 위에 핸드폰을 꺼내두는 행위가 자연스럽지만, 외국에서는 '이거 그냥 가져가세요'와 같은 의미다. 소매치기는 테이블로 다가와 말을 걸거나 물건을 떨어트려 시선을 분산시킨 뒤 빛보다 빠른 속도로 훔쳐간다. 특히 야외 테이블에서 식사할 경우 더욱 주의하자.

숙소에서도 얼마든지 소매치기를 만날 수 있다. 특히 도미토리라면 더더욱 만날 확률이 높다. 중요한 물품은 가방에 넣어 잠근 뒤 사물함에 넣고 사물함도 잠가놓는 것이 가장 안전하다. 에어비앤비 개인실이나 호텔도 호스트나 하우스키퍼가 있으니 귀중품 관리에 소홀하면 안 된다. 특히 호텔의 안전 금고는 모두의 금고라는 말이 있다. 마스터키가 있기 때문이다. 귀중품을 무조건 훔쳐가고 현금은 몇 장씩만 가져가는 사례가 많다. 요즘은 보관 증거를 남기기 위해 금고에 물건을 넣는 순간부터 호텔을 나서는 순간까지 동영상 촬영을 해놓는 여행자도 있으니 이 방법을 참고해도 좋겠다. 정말 중요한 소지품은 꼭 리셉션에 맡기자.

사람들이 많은 시장이나 관광지, 대중교통 내처럼 혼잡한 곳에는 무조건 소매치기가 있다. 낌새도 눈치채지 못한 채 털릴 수 있으니 조심해야 한다. 인파가 많을수록 더 조심해야 한다. 과하게 붙는 사람은 소매치기일 확률이 높다. 또 지하철에서는 문 앞에 서지 말라. 문이 닫히는 순간에 핸드폰이나 캐리어를 뺏어가는 사례가 빈번하다. 열차나 야간 버스에서도 소지품을 주의해야 한다. 열차 선반에 캐리어나 가방을 놓기 어렵다면 캐리어 칸에 따로 보관해야 하는데, 이때 캐리어를 도난당한다. 이를 방지하기 위해 자전거에 쓰이는 와이어 락을 채워두는 여행자가 많다. 선반에 물품을 놓는 것도 안심하면 안 된다. 잠든 사이 소매치기가 홀랑 가져가버리기 때문이다.

외국에서는 일단 내 몸에서 떨어지면 모두의 것이라는 사실을 염두에 두자. 습관대로 행동하면 순식간에 털린다. 이렇게 긴장한 채 여행을 즐길 수 있을까 싶겠지만 물건을 잃는 순간부터 여행은 진짜 즐길 수 없게 된다. 충분히 즐기되, 긴장의 끈을 놓지 말자.

어떤 대상에 집중하는 순간 우리는 소지품 관리에 방심하곤 한다. 여행자들 사이에서 '뒤로 메면 남의 가방, 옆으로 메면 우리 가방, 앞으로 메면 내 가방'이라는 말이 있다. 사람이 많고 혼잡한 곳에서는 반드시 가방을 앞으로 메자. 지하철이나 버스에선 가방을 무조건 앞으로 메라. 멋진 풍경이나 명소도 가방을 앞으로 멘 채 감상하자. 종이 지도나 핸드폰으로 가는 길을 찾아볼 때, 지갑을 사용한 뒤 주머니나 가방에 다시 넣을 때, 그리고 다시 꺼낼 때에도 주의를 기울이자. 지속적으로 눈이 마주치거나 수상한 행동을 보이는 사람이 있다면 자리를 피하고 다른 일정부터 소화하자.

피해 확률을 낮추는 지피지기知彼知己

다음으로 사기를 당할 수 있는 경우를 생각해보자. 사기는 여행자가 어떤 허점을 보여서 당한다기보다 사기꾼이 불특정한 개인에게 접근해 미혹하게 하는 범죄다. 누구든지 걸리면 좋고 아니면 말고 같은 식이다. 그런데 사기 유형은 나라 및 도시별로 정해진 경우가 많다. 어떤 상황이 벌어졌을 때 정신을 제대로 차리고 사기를 당할 수 있는 상황임을 인지하면 예방할 수 있다. 먼저 그 유형을 알아보자.

첫째, 길거리에서 벌어지는 강매 수법이다. 주로 도시의 유명한 관광지에서 일어난다. 누군가가 "free(공짜예요)"라며 음식이나 물품을 준 뒤 돈을 요구한다. 베트남, 태국 등 동남아 국가의 도시에서 이런 일이 자주 벌어진다. 그저 무시하고 지나가는 것이 최선이다. 프랑스 파리의 몽마르트르 언덕에는 악명 높은 흑인 팔찌단이 있다. 여행자들에게 막무가내로 팔찌를 채운 뒤 돈을 요구한다. 커플 단위 여행객이나 혼행러에게 장미꽃을 강매하는 수법도 있다. 이탈리아 로마나 스페인 바르셀로나에서 자주 벌어진다. 미국 로스앤젤레스나 뉴욕의 유명 관광지에서는 시디를 강매하는 흑인도 있다. 본인이 래퍼라며 데모 시디를 주고서 돈을 요구한다. 한국에서 "도를 아십니까, 인상이 참 좋으세요." 하는 사람들을 무시하고 가던 길을 가듯이 눈도 마주치지 말고 가면 된다. 대체로 몇 걸음 따라오며 말을 걸다가 포기하는 경우가 많으니 앞만 보고 가자. 가끔 받지 않는 여행자의 옷 주머니나 가방에 억지로 넣고서 돌려주려고 해도 받지 않을 때도 있다. 두어 번 돌려주려다 안 되면 물건을 땅바닥에 내려놓고 거부 의사를 표현한 뒤 지나가자.

서구권에서는 코스튬 플레이를 하고서 행인들과 함께 사진을 찍어주는 사람을 만날 수 있다. 사진을 찍은 뒤 돈을 요구하므로 맘에 드는 코스튬이 아니라면 그냥 지나가야 한다. 또 아동이나 난민 보호를 위한 서명을 요구한 뒤 기부금까지 내라는 사람들도 있다. 그들의 생계를 위한 구걸이니 애당초 거절하는 게 좋다. 이 사인단은 기부 강요와 더불어 절도까지 한다. 여행자 앞에서 한 사람이 설명을 쏟아내며 시선을 분산시킬 때 다른 사람이 물건을 훔치거나, 가방 위로 서명 종이를 들이밀고 그 밑으론 가방을 터는 것이다. 사인단이 보이면 무조건 피하는 게 상책이다.

또 경찰을 사칭한 사기꾼도 있다. 이들은 사복 경찰이라며 접근해 가짜 경찰 배지를 보여준 뒤 여권이나 지갑, 가방 검사 등을 하겠다고 말한다. 그때 눈보다 빠른 손으로 지갑 속 현금이나 가방의 물품을 털어간다. 경찰이라는 사람이 말을 걸면 "경찰서로 함께 가자"고 대응하자. 그가 진짜 경찰이라도 당신은 잘못한 게 없으니 별문제 없을 것이다.

이처럼 누가 말을 걸기에 잠깐 응한 것인데 순식간에 소지품을 털리는 여행자가 굉장히 많다. 그런데 생각해보자. 한국에서 처음 보는 사람이 갑자기 가까이 다가와 말을 건다면 어떨까? 흔한 일도 아닐뿐더러 나쁜 의도로 접근하는 경우가 대부분이다. 외국에서도 마찬가지다. 처음 보는 현지인이 갑자기 다가와 말을 걸고 무언가를 요구하는 건 좋지 않은 의도일 경우가 많다. 하지만 여행에서 만난 현지인과 새로운 만남을 갖는 것 또한 여행의 묘미 아니던가. 그에 대한 이야기는 4장에 실렸으니 이후를 기대하시라.

둘째는 경기장, 공연장, 환전소, 음식점, 택시에서 벌어지는 사기다. 유명한 팀의 대전이 벌어지는 경기장이나 유명 뮤지컬 공연장 인근에는 암표상이 많다. 물론 진짜 암표도 있지만 가짜 암표도 많으니 조심해야 한다. 또 환전소 인근에서 자신이 더 싼값에 환전해 주겠다며 다가오는 사람들이 있다. 그러나 위조지폐를 주거나 화폐 가치가 낮은 나라의 돈을 섞어주므로 꼭 공인 환전소에서 환전하자. 음식점에서는 먹지 않은 메뉴를 청구하거나 와인 한 잔 값을 한 병으로 청구하기도 한다. 결제하기 전 영수증을 꼼꼼히 보자.

택시에서는 앞서 언급한 바 있는 거스름돈 사기가 빈번히 일어난다. 사기를 칠 수 없게 하는 확실한 방법은 돈을 주고받는 장면을 촬영하는 것이지만 꽤 번거로운 일이다. 요금을 결제할 때 "내가 얼마 냈어요" 또는 "얼마 내니까 얼마 거슬러줘요"라고 확실히 말하는 게 좋다. 택시에서 거스름돈을 끝까지 확인한 후 자리를 떠나는 것이 가장 좋은 방법이다.

셋째, 호의를 가장한 사기다. 이 유형은 관광지, 길거리, 대중교통 할 것 없이 자주 벌어진다. 길거리나 관광지에서 사진을 찍어준다는 사람, 계단 앞에서 짐을 들어주겠다는 사람, 대중교통 이용권을 대신 구매해주겠다는 사람 모두 도와준 뒤 돈을 요구하거나 수고비라며 잔돈을 가져갈 수 있다. 더 고약한 건 어린이 교통권이나 공항선 교통권 같은 것을 끊어주는 사람이다. 아무것도 모른 채 탑승했다가 검표원에게 발각될 경우 높은 벌금을 물게 되므로 여행 전 자신이 끊어야 할 교통권 실물을 잘 알아두자.

이 사람이 정말 호의를 갖고 도와주는지 아닌지 구분하기란 굉장히 어렵다. 그러나 사기를 치는 사람들은 대체로 눈도 안 마주쳤는데 대뜸 먼저 말을 건다던지, 다짜고짜 친밀한 태도로 웃으며 다가올 경우가 많다. 매너 있는 현지인들은 신중한 태도를 보이며 도움이 필요한지 조심스럽게 물어보곤 한다. 우리가 한국에서 도움이 필요해 보이는 자국인이나 외국인을 도와줄 때 도와줄까 말까 조금 주저하다 나서는 것과 같다. 모든 경우가 다 불안하다면 호의로 보일지라도 처음부터 도움을 거부해도 괜찮다.

아는 만큼 보인다는 말이 있다. 소매치기나 사기 유형을 잘 알아두고 머리에 새기면 비슷한 상황이 일어날 때 눈치를 채고 피하게 된다. 사기나 소매치기는 분명 하는 사람의 잘못이지만 피해는 우리에게 돌아온다. 제대로 알아두고 스스로를 지키자.

드디어 출발이 코앞이다

며칠 후면 출발이다. 고대하던 여행을 떠난다는 게 실감 나지 않는다. 설레기도 하고 두렵기도 하다. 혹여 나쁜 일이라도 겪게 될까 봐 잠이 오질 않는다. 입국 심사, 대중교통을 이용해 숙소 찾아가기, 관광지로 이동하기까지 무사히 해낼 수 있을까.

물론 알고 있다. 내가 지금 여기서 고민하고 걱정한다 해도 해결할 수 있는 건 아무것도 없음을. 하지만 무섭고 불안한 마음을 다스릴 수가 없다. 지금 취소하면 수수료는 얼마일까 계산해 본다. 무서워서 코앞의 여행을 취소하려는 내가 너무 한심해서 짜증이 난다. 다른 사람들은 혼자서 잘만 갔다 오는데 나는 왜 이러나 싶다. 괜찮을 거라 생각했는데 막상 눈앞에 닥치니 자신이 없다. 여행이고 뭐고 정말 그냥 취소할까?

바보 같지만 다 취소하고 싶어

출발 당일보다는 출발이 며칠 남지 않았을 때가 더 떨릴 것이다. 출발 날에는 비행기 탑승 수속을 밟느라 정신이 없어 불안할 겨를이 없다. 수속을 다 밟고 난 뒤에야 생각할 여유가 좀 생기는데 사실 이쯤되면 '에라 모르겠다, 어떻게든 되겠지!' 하는 심정이라 오히려 조금 편해진다. 물론 당신에게는 딴 세상 소리로 들릴 것이다. 지금 당장은 너무 무서울 테니까.

비행기에서 내리자마자 눈앞에 펼쳐질 외국어와 외국인의 향연, 잘못한 것 없어도 불안하기만 한 입국 심사, 내 짐만 안 나오는 듯한 수하물 찾기, 잘못 탔다가 국제 미아가 될지도 모르는 대중교통 이용, 곳곳에 도사리는 소매치기의 위협 등. 해외여행의 모든 요소가 당신의 마음을 불안하게 할 것이다. 아직 벌어지지 않은 일은 걱정하지 않으려 해도 위험천만했던 사례들을 검색했던 터라 두려움이 앞선다. 외국어를 원만하게 구사하지 못할수록 두려움이 크다. 핸드폰이나 현금, 여권같이 여행에 가장 필요한 귀중품을 잃어버리면 도움이나 제대로 청할 수 있을까 염려되는 까닭이다.

사람마다 두려움을 느끼는 특정한 요소가 있다. 대표적인 것을 꼽자면 비행기와 관련된 공포증이다. 난기류 공포, 추락 공포, 고소공포, 폐소 공포 등 다양하다. 이런 공포증을 가진 사람은 장거리 여행을 꺼리기도 한다. 동물 공포증을 가진 사람도 있다. 이들은 개나 고양이만 봐도 질겁한다. 한국인이 즐겨 찾는 태국이나 대만에도 개와 고양이가 길거리에 널려 있는데, 이를 모르고 여행 갔다가 두려움에 떠는 사람도 있다. 조류 공포증이 심한 사람이라면 비둘기가 공포의 대상일 수 있다. 유럽에는 비둘기가 굉장히 많은데 하필 유명 관광지나 광장에 몰려 있다. 대표적으로 베네치아의 대표 관광지인 산마르코 광장은 없던 조류 공포증이 생길 만큼 비둘기 천국이다. 특정 공포증 이외에도 파업이나 베드 버그, 인종 차별 등에 대한 염려로 여행 취소까지 고려하는 사람이 있다.

정말 이러한 이유로 준비가 다 된 여행을 취소할까 싶겠지만 실제로 취소하는 사람들이 있다. 십만 원대, 백만 원대의 취소 수수료를 물고서 말이다. 그들은 금전 손해를 보더라도 여행을 포기하는 게 심신에 좋겠다는 결정을 내린다. 혹시 이 책을 읽는 당신도 지금 취소 수수료를 계산하고 있는가? 깡그리 취소하려니 수수료가 무섭고, 그렇다고 막상 가려니 혼행이 무섭고. 하루에도 몇 번씩 간다 안 간다 결정을 뒤집는 당신. 같은 고민을 했던 혼행러가 있을 테니 인터넷을 뒤져보라. 당신 마음을 찰떡같이 대변해주는 글이 정말 많을 것이다. 역시 사람 마음이라는 게 다 비슷비슷하다. 그런데 그 글에 달리는 댓글에는 동의할 수 없을 것이다. 막상 가보면 아무것도 아니라고, 일단 가보라고 말하는 댓글 위주이기 때문이다. 일단 한 번 가보라니. 조건 없는 위로와 용기 주입은 당신에게 전혀 도움이 되지 않을 것이다. 결국 당신의 불안감은 당신 스스로 해결해야 한다. 자, 불안감은 어떻게 다뤄야 할지 고민해보자.

여행에 대한 불안감은 어떻게 다뤄야 할까

우리는 1장에서 여행의 불안감에 대해 다뤘다. 지금 여기서 불안해 해봤자 해결되는 것은 없으며 스스로 할 수 있는 일을 찾고 그것을 행동으로 옮겨야 한다는 것을 이해했다. 그럼에도 불구하고 불안감은 사라지지 않았을 것이다. 출발이 확정되지 않았던 그때와 달리 이제 출국이 코앞이기 때문에 차분한 마음 상태도 아닐 것이다. 당신은 불안한 생각이 들 때마다 어떻게 대처하는가? '불안해하지 말자'고 스스로를 독려하는 사람이 있을 것이다. 그에게 묻고 싶다. 그렇게 해서 불안감이 정말 사라졌는가? 오히려 불안감이 더욱 커져 머릿속을 지배하지 않았는가? 자, 다음 문장을 보자.

"지금부터 코끼리를 생각하지 마라."

위 문장을 읽은 뒤 코끼리 생각을 하지 않았는가? 아마 코끼리를 떠올렸을 것이다. 언어학자 조지 레이코프는 책《코끼리는 생각하지 마》에서 코끼리를 생각하지 말라고 하면 오히려 코끼리를 떠올리게 되듯, 우리가 어떤 단어를 들으면 그와 관련된 프레임을 머릿속에 구성한다고 말한다. 마찬가지로 '불안해하지 말자'고 생각하면 불안감은 더 생긴다. 불안감을 다스리려면 그 진원지로 파고 들어가 불안을 유도하는 프레임이 무엇인지 확인해야 한다.

당신은 해외여행에 대해 어떤 프레임을 갖고 있는가? 그동안 정보를 수집하며 즐거운 사례를 많이 접했겠지만 그 반대 사례도 많이 봤을 것이다. 대중교통 파업으로 인한 불편, 도미노처럼 잇따라 연기되는 일정, 비행기나 열차의 연착과 그에 딸려오는 무책임하고 불친절한 보상, 말이 통하지 않는 곳에서 길을 잃거나, 예매해둔 교통수단을 놓쳐 일정이 어그러지거나, 금전 손실을 입는 사례 등. 또 사기나 소매치기에 대처하려고 피해 사례를 찾다 스트레스만 얻었을 수 있다. 당신은 해외여행을 부정적으로 보는 프레임을 통해 생각하고 있다. 따라서 생각을 거듭할수록 더욱 불안한 것이다. 개미 지옥 같은 부정적 프레임에서 빠져나가려면 스스로 새로운 프레임을 설정해야 한다. 두려움을 깨부수고 해외로 혼행을 가기 위해서 바로 지금, 당신이 갖고 있는 해외여행에 대한 프레임을 긍정적 방향으로 설정하자.

막상 가보면 서울역

해외로 혼행을 다녀온 사람은 "막상 가보니 아무것도 아니더라"고 말한다. 왜일까? 정답은 간단하다. 정말로 아무것도 아니었기 때문이다. 그도 떠나기 전에는 지금의 당신처럼 막연한 두려움과 불안함에 떨었을 것이다. 하지만 여행지에 도착한 뒤 외국도 한국과 별다르지 않음을 알게 되었을 것이다.

"여기도 사람 사는 곳이구나. 그렇게 무서운 곳은 아니구나."

이렇게 일정을 거뜬히 소화해내면 해외여행은 어렵고 힘든 일이라고 여겼던 부정적 프레임이 깨진다. 그러나 아직 혼자 해외로 떠나본 적 없는 사람은 '막상 가보면 아무것도 아니다'라는 프레임은 가질 수 없다. 해외여행은 두려운 일이라는 프레임이 깨질 만한 체험을 해보지 않았으니까. 그래서 당신은 막상 가보면 아무것도 아니다는 말에 허탈했던 것이다.

그런데 위 소제목에서 밝혔듯이 '막상 가보면 서울역'이라는 말도 있다. 이게 무슨 말장난인가 싶겠지만 '막상 가보면 아무것도 아니다'는 말과 완전히 다른 말이다. 어째서 다른지 반문할 수 있다. 자세히 살펴보면 다르다. 막상 가보면 아무것도 아니더라는 말은 해외로의 혼행을 경험한 사람만이 가질 수 있는 프레임이다. 혼자서 해외에 가보지 않은 사람은 이해하거나 공감할 수 없는 영역이다. 그런데 '막상 가보면'이라는 말에 '내가 잘 알고 친숙한 장소'가 붙는 순간, 혼자 해외에 가보지 않았던 사람도 해외여행에 대해 편안한 인상을 받는다.

여행지에 도착하면 가장 먼저 맞닥뜨리는 곳이 공항이다. 해외에 가면 외국인과 외국어만 가득한 곳에서 길을 잘 찾을 수 있을까 걱정될 것이다. 이때 외국의 공항이 인천공항과 똑같다고 생각해보라. 외국이라고 해서 특별히 다른 것은 없다. 입국장, 출국장, 짐 부치는 곳, 탑승구 다 똑같다. 그저 외국어로 표시돼 있을 뿐이다.

기차역도 생각해보자. 여행 중에는 그 나라의 다양한 도시나 타국으로 드나드는 노선이 많은 대형 기차역을 한 번쯤 들르게 된다. 그곳에서 내가 타야 하는 기차의 플랫폼에 잘 찾아가 제대로 탑승할 수 있을지 걱정될 것이다. 하지만 그 기차역이 서울역과 똑같다고 상상해보자. 외국어로 표시돼 있을 뿐, 직관적이고 쉽게 안내된 표지판이 가야 할 곳을 잘 찾도록 도와줄 것이다.

지하철이나 버스, 트램 같은 교통수단을 잘 탈 수 있을지도 걱정될 것이다. 그 지하철 역시 서울 지하철과 똑같다고 생각해보자. 외국 지하철도 진행 방향과 탑승 방향이 잘 나눠져 있다. 버스, 트램도 똑같다. 외국에서 한국과 다른 것은 언어밖에 없다. 여기서는 서울을 예로 들었을 뿐, 당신이 살고 있는 곳의 공항이나 대형 기차역, 자주 타는 지하철을 대입해보며 당신이 지금 이용하는 것과 해외에서 이용하게 될 것이 크게 다르지 않다는 프레임을 만들어보라. 마음이 조금씩 안정될 것이다.

당신은 그동안 여행 정보를 찾으며 온갖 사건 사고와 피해 사례를 맞닥뜨렸을 것이다. 그러나 우리가 해야 할 일은 여행에서 벌어질 사건 사고를 두려워하는 것이 아니다. 혹시 마주할 사고에 즉각적으로 대응하도록 경계하고 주의하는 프레임을 가져야 한다. 외국이라서, 낯선 곳이라서 무서울 것이라고만 생각하면 해외여행은 공포가 될 수밖에 없다. 새로운 프레임을 만들고 그 프레임에 따라 생각하는 과정은 단번에 되지 않는다. 그러나 길이 아니었던 땅도 사람의 발길이 계속 이어지면 길이 되듯 한 번 만들어진 프레임에 익숙해지면 그 방향대로 생각이 절로 흐른다.

우리는 새로운 프레임을 만들 수 있는 존재다. 그동안 무의식적으로 따르던 프레임을 인식하고 새로운 프레임을 만들어 노력할 때 생각의 흐름은 바뀐다.

"외국도 다 사람 사는 곳이며 우리의 생활과 크게 다르지 않고 나는 어렵지 않게 다닐 수 있을 것이다."

위 프레임을 머리에 새기고 계속해서 떠올려보라. 당신의 멋진 생각이 당신의 여행을 도울 것이다.

혼행러를 위한 꿀팁

환전 공부해서 경비 절약하기

우리가 포털에 '환율'이라고 검색했을 때 나오는 것은 매매 기준율로, 외화를 사고파는 기준 환율을 가르킨다. 그러나 우리는 매매 기준율로 환전하는 게 아니라 '현찰 살 때'의 가격으로 환전한다. 현찰 살 때의 가격은 매매 기준율보다 조금 더 높다. 은행이 환전 서비스에 대한 이익을 남기기 위해 수수료를 붙이기 때문이다. 이 수수료를 '환전 수수료' 또는 '스프레드'라고 하는데 은행마다 다르지만 대개 1.5~1.9퍼센트 안에서 조정된다. 요즘은 대다수의 은행이 환전 수수료를 할인해준다. 보통 조건에 따라 최대 90퍼센트까지 환율을 우대한다고 홍보하는데, '환율 우대'란 환전 수수료를 할인해준다는 말이다. 개념을 잡았으니 환전 비용을 최대로 아끼기 위한 방법을 알아보자.

환전 금액을 절약하려면 세 가지 조건을 살펴봐야 한다. 첫 번째는 매매 기준율이다. 은행별로 환전 업무를 처리하는 데 필요한 비용과 손익, 실시간으로 변경되는 환율을 반영해 자체 매매 기준율을 고시한다. 두 번째는 환전 수수료다. 환전 수수료율은 은행마다 다르다. 현찰 살 때의 금액에서 매매 기준율을 빼면 환전 수수료 금액이 나온다. 마지막으로 살펴볼 퍼센트별 환율 우대는 앞서 말한 두 요소와 매우 밀접하다.

이제 50퍼센트 환율 우대를 받을 때의 금액을 알아보자. 환율 우대는 환전 수수료를 할인해주는 것이므로 먼저 환전 수수료 금액의 50퍼센트를 계산해야 한다. 예를 들어 하나은행의 환전 수수료는 21.42원이며, 21.42원의 50퍼센트는 10.71원이다. 하나은행에서 1달러를 산다면 1,224.00원의 매매 기준율에 10.71원의 수수료를 더해 총 1234.71원에 바꾸게 된다. 90퍼센트 환율 우대도 똑같이 계산하면 된다. 21.42원의 10퍼센트 금액인 2.142원에 매매 기준율 1,224.00원을 더하면 1달러를 1,226.142원에 구매하게 된다. 결론적으로 1,000달러를 우대 없이 환전하면 125만 원가량을 내야 하

하나은행	매매 기준율	환전 수수료	현찰 살 때	50% 환율 우대 시 현찰 살 때	90% 환율 우대 시 현찰 살 때
1달러 환전 시	1,224.00원	21.42원	1,245.42원	1,234.71원	1,226.142원
1,000달러 환전 시			1,245,420원	1,234,710원	1,226,142원

하나은행 달러화 매매 기준율
(2020년 3월 30일 19시 48분 기준)

고, 50퍼센트 우대는 124만 원가량, 90퍼센트 우대는 123만 원가량을 내야 한다.

한 은행에서 환전하더라도 우대율에 따른 차액이 생긴다. 따라서 환전 수수료가 높고 환율 우대율이 낮은 은행에서 환전하면 좀 더 손해를 본다. 물론 환전 금액에 비해 ±5퍼센트의 손해를 보는 정도지만 작은 손해도 감수하고 싶지 않다면 시간을 들여야 한다. 은행별 매매 기준율과 환전 수수료, 환율 우대율 세 가지에 여행자의 손품과 발품도 팔아야 저렴한 환율이 가능하다. 모든 요소를 비교했을 때 사설 환전소의 환전율이 더 좋을 수 있다. 왕복 교통비와 이동 시간까지 고려해도 이익이라면 직접 방문해 환전해도 좋다.

CHAPTER 4

여행 중

하나. —— 나한테 왜 이런 일이!

누군가의 도움이 절실할 때

만반의 준비를 마쳤다. 남은 건 출발뿐. 막상 가면 서울역이라니까 일단 안심이지만 다른 사람의 도움이 필요할 때는 어떻게 할까. 길을 묻거나 교통편 이용 방법을 물을 수도 있고 사진을 찍어달라 요청할 때도 있을 텐데. 다른 사람들 여행기를 보면 친절하고 좋은 현지인도 많지만 도움을 청해도 무시하거나, 영어로 질문하면 알 수 없는 현지어로 대답하고 가버리는 사람도 있다고 한다. 또 처음엔 친절하게 도와주기에 좋은 사람인 줄 알았는데 알고 보니 물건을 훔치거나 사기를 친 것이었다는 등 기막힌 일들도 있다. 무슨 일이 생길까 무서워 모든 도움을 거부할 수도, 모든 사람을 믿을 수도 없는 노릇. 용기 내 도움을 청했는데 도와주는 사람이 없을 수도 있고 말이다. 도움이 필요할 때는 어떻게 해야 할까?

누구에게 도움을 청할까

여행을 하다 보면 모르는 외국인에게 도움을 요청할 일이 꽤 생긴다. 이때 누구에게 도움을 청하느냐가 가장 어려운 문제다. 친절하고 안전하게 도와줄 사람이 누구인지 단번에 알 수 없기 때문이다. 세상에 착하고 친절한 사람만 있으면 좋겠지만 그렇지 않은 사람도 많다. 특히 해외에서는 관광객을 대상으로 하는 소매치기나 사기꾼이 많다. 그래서 먼저 호의를 베풀며 다가오는 사람은 뿌리치고 별 관심 없어 보이는 사람에게 도움을 요청하는 여행자도 있다. 그러나 아무리 주의하고 조심해도 피해는 입을 수 있다.

해외에서는 도움을 주는 이가 매우 친절하더라도 100퍼센트 믿어선 안 된다. 우리가 믿어야 할 사람은 언제나 자기 자신이다. 그런데 낯선 곳에서 오직 나만 믿기엔 내가 아는 게 너무 없다. 특히 다른 관광지나 도시로 이동할 때면 현지인이나 직원의 도움이 절실하다. 한국에서 정확한 정보를 숙지했어도 다시 확인하고 싶기 때문이다. 이 방향대로 가는 게 맞는지, 갈아탄 열차나 버스가 목적지로 향하는 게 맞는지 확답을 받으면 마음에 안정이 찾아온다.

또 멋진 관광지나 풍경 앞에서 서로 사진을 찍어주는 무리를 볼 때만큼 혼자 여행 온 것이 아쉬울 때가 없다. 삼각대를 놓고 찍자니 누가 통째로 들고 갈까 무섭고, 모르는 사람에게 사진을 찍어달라 하자니 핸드폰이나 카메라를 갖고 냅다 도망갈까 무섭다. 눈 딱 감고 맡겨볼까 싶다가도 잃어버리면 어떡하나 싶어 셀카로 아쉬운 마음을 달랜다.

이 정도는 어찌어찌 넘어갈 수 있는 상황이지만 누군가에게 도움을 청하지 않으면 안 되는 절체절명의 위기 상황이 문제다. 길을 잃었거나 예약한 교통편의 출발 시간이 얼마 남지 않았는데 어디로 가야 할지 모를 때다. 이런 때일수록 눈앞에 보이는 사람에게 무작정 도움을 요청하기보다 안전을 따져야 한다. 위험 요소 없이 적절한 도움을 줄 사람이 누구인지 생각해야 하는 것이다.

적절하고 안전한 도움을 줄 사람은 누구인가

도움을 요청하기도 전에 먼저 다가오는 낯선 이를 가장 경계해야 한다. 물론 호의를 가지고 먼저 도와주려는 현지인도 있다. 문제는 이들이 호의만 가졌는지 아닌지 판단할 기준이 모호해서다. 그래서 도움이 필요한 상황이 닥쳤을 때 '해외에서 먼저 다가오는 낯선 외국인은 무조건 피하라'는 신조를 따라도 무리는 없다. 도움은 받지 못할지언정 악의를 가진 사람으로부터 자신을 보호할 수 있으니까.

누군가가 호의로 다가왔다고 판단할 수 있는 요소는 다소 의외다. 도움을 주겠다는 사람의 소극적인 태도에서 진심을 엿볼 수 있기 때문이다. 혹시 당신은 길을 헤매고 있는 외국인을 발견했을 때 바로 다가가서 도와주는가? 아마 아닐 것이다. 실제 도움이 필요한 상황이 아닐 수 있고 다른 사람이 도와줄 수도 있을 거라 여기지 않는가? 그렇게 고민하다 그냥 지나칠 때도 있고 용기 내서 말을 걸 때도 있을 것이다. 외국의 현지인도 비슷하다. 우리가 길을 잃고서 헤맬 때 그들 역시 나서서 도와줄까 말까 고민하다가 다가온다는 것이다. 호의를 가지고 도우려는 이라면 무턱대고 말을 걸지 않는다. 눈이 마주칠 때까지 참고 기다리다 천천히 다가와 걱정스러운 눈길로 말을 건다. 사기꾼이나 소매치기와는 완전히 다른 점이다.

불순한 의도가 있는 사람들은 대개 친밀한 태도로 다짜고짜 말을 걸며 정신을 못 차리게 한다. 대화하는 태도에 배려가 없고 몸을 가까이 붙이기도 하며 무례하다. 그러나 호의를 가진 사람은 그렇지 않다. 순전히 여행자를 도와주려는 마음뿐이기에 상대방의 말과 표정에 집중하며 적당한 거리를 지킨다. 물론 실제 상황에서 이를 구분하기란 매우 어렵다. 당신이 누군가에게 먼저 도움을 청할 때 안전하게 도와줄 사람이 누구인지 상황별로 알아보자.

첫 번째는 공항이나 기차역, 지하철 등 교통수단을 이용할 때다. 이곳에는 대체로 담당 직원이 있으므로 먼저 그들에게 도움을 요청하자. 그러나 아무리 찾아도 그들이 보이지 않는다면 다음 유형의 사람을 찾아야 한다. 평범한 현지 직장인이나 40대 이상으로 보이는 현지인이다. 이들은 관광객, 그리고 관광객이 가진 물건에 관심이 전혀 없다. 만약 장바구니를 든 연세 지긋한 아주머니가 있다면 가장 좋다. 영어권 국가가 아니라면 나이가 있는 현지인들 중 영어 소통이 어려운 사람도 많다. 하지만 그들은 주위에 있는 젊은 사람이나 영어를 잘 아는 사람에게 도움을 요청하는 친절을 베풀곤

한다. 시간이 조금 지체되는 방법이지만 위험을 줄일 순 있다.

두 번째는 길을 물어볼 때다. 이때 역시 직장인이나 40대 이상 현지인에게 길을 물어보자. 현지 출근 시간이라면 시간에 구애받지 않아 보이는 현지인을 찾아 물어봐야 한다. 급하게 출근하는 사람에게 길을 물어봤다가 아침부터 짜증 세례를 받을 수 있다.

세 번째는 관광지에서 사진을 찍어달라고 부탁할 때다. 이때는 눈에 띄는 한국인 관광객에게 부탁하는 게 최고다. 전체적인 구도와 조화를 고려해 찍는 우리나라 사람과 달리 외국인은 그냥 사람에만 초점을 맞추는 경향이 있다. 이럴 거면 부탁을 왜 했나 싶을 때가 많다. 한국인이 없다면 가족 단위 관광객을 찾아 부탁해보자. 아이가 바로 옆에 있는데 카메라를 훔쳐가는 경우는 드물다. 누가 봐도 혼자 온 듯한 관광객도 좋다. 카메라를 갖고 있는 사람이라면 더 좋다. 대체로 "저 좀 찍어줄래요? 저도 찍어줄게요." 하면 흔쾌히 응할 것이다. 때론 현지인들이 먼저 이렇게 사진을 요청할 수 있다. 그런데 카메라나 휴대폰이 없고 행색이 지나치게 단출하며 여행자 같은 인상이 아니라면 소매치기나 사기꾼일 수 있으니 피해야 한다.

일단 인사부터 건네자

우리를 도와줄 사람을 알아봤으니 이제 어떻게 도움을 청할지 알아볼 차례다. 누군가에게 도움을 요청할 때는 무슨 말부터 먼저 하는 게 좋을까? 전 세계 200여 개 나라를 불문하고 모르는 사람에게 도움을 요청할 때 제일 중요한 것은 역시 인사다. 앞서 말했듯 스위스는 각 지역에 인접한 나라의 언어를 사용한다. 나는 스위스를 여행할 때 그 지역에서 두루 쓰는 언어로 "실례합니다" 또는 "안녕하세요"라고 한 뒤 "Can you speak English(영어를 할 줄 아나요)?" 하고 도움을 요청했다. 다른 나라에서도 마찬가지였다. 그럴 때마다 도움을 거절하는 사람은 없었다. 영어를 잘 못하는 사람은 영어가 가능한 다른 사람을 찾아주기까지 했고 그것마저 여의치 않으면 내가 가려던 곳에 같이 가주려고도 했다.

여행 후기를 찾아보면 이와 같은 방법으로 현지인에게 도움을 받은 사람이 많다. 여행 작가 안혜연의 에세이《당신의 일상은 안녕한가요》에도 이러한 내용이 나온다. 차갑고 딱딱하던 현지인들이 "현지어 인사 한 마디에 하나같이 웃는 얼굴이 된다"고. 현지어로 먼저 인사한 뒤 영어를 할 수 있냐고 묻는 게 마법의 주문이었을까? 어째서 도움을 거절하는 사람이 없었을까? 단순히 입장만 바꿔 생각해보면 답은 나온다.

우리나라에서 어떤 외국인 여행자가 당신에게 길을 묻는 상황을 떠올려보자. 그가 영어나 또 다른 외국어가 아닌 한국어로 "안녕하세요"라고 말을 걸며 "Can you speak English?"라고 물으면 어떨까. 일단 외국인 여행자가 한국말로 말을 건다니 색다르다. 조금 더 성의 있고, 더 예의 있게 도움을 요청하는 듯하다. 영어를 잘 못해서 피하려다가도 돕고 싶은 마음이 생기기 마련이다. 해외의 현지인도 똑같다. 그들이 사용하는 언어로 먼저 인사하고 나서 영어를 할 수 있느냐고 묻는 것은 곧 배려다. 그래서 현지인은 마음의 문을 열게 된다.

반대의 경우는 어떨까. 우리나라에서 길을 걷고 있는데 갑자기 외국인 여행자가 본인 나라의 언어로 말을 건다면? 다짜고짜 말을 거는 것도 당황스러운데 전혀 알아들을 수 없는 언어라면 양손을 마구 흔들며 지나칠 수밖에 없을 것이다. 현지 언어를 고려하지 않는 외국인 여행자의 태도에 거부감을 드러내는 것은 해외 현지인도 마찬가지다. 또 영어를 구사하는 현지인이라도 돕고 싶은 마음이 없으면 손이나 고개를 흔들며 자리를 뜨기도 한다. 때로는 슬쩍 쳐다보고서 그냥 지나치는 사람도 있다. 특히 프랑스에서 영어로 말을 걸면 프랑스어로 대답하거나 무시한다는 여행 후기가 많다. 프랑스인들은 자기 문화와 역사, 언어에 대한 자부심이 굉장해서 영어를 알아도 무시하는 경우가 많다고. 그러나 프랑스인도 프랑스어로 먼저 인사한 뒤 영어를 할 수 있는지 물으면 친절하게 답해준다.

다음으로 현지인에게 도움을 청할 때 취할 태도와 행동에 대해 알아보자. 일단 현지인을 잡거나 만지는 것은 절대 금물이다. 길거리에서 모르는 사람이 갑자기 당신을 붙잡으면 기분 나쁘고 당황스럽지 않던가. 당장 내 코가 석 자인 상태에서 타인에 대한 예의를 떠올리기란 쉽지 않지만 지킬 건 지켜야 한다. 현지인을 잡거나 부르기보다 눈이 마주칠 때까지 기다리자. 단 몇 초면 된다. 눈을 마주친 다음 현지어로 인사부터 하자. 영어권이라면 "Hi" 혹은 "Hello"라고 한 뒤 "Could/Can you help me(저 좀 도와주시겠어요)?" 하면 된다. 영어권이 아닌 곳도 마찬가지다. 반드시 현지어로 인사말부터 건네자. 눈이 마주치자마자 대뜸 영어할 수 있느냐고 물어보면 상대방은 그냥 지나칠 수 있다. 인사는 상대방이 대화할 마음 상태를 갖도록 이끈다. "안녕하세요"든 "실례합니다"든 본인이 편하고 정확히 발음할 수 있는 인사말을 사용하자. 현지인이 그에 화답하거나 고개를 끄덕이며 도와주려는 의사를 밝힌다면 그때 영어를 할 수 있는지 묻자. 아마 도와주지 않는 사람은 없을 것이다.

물론 외국인 여행자에게 친절한 현지인도 많다. 현지어가 아닌 영어로 다짜고짜 말을 걸어도 여행자의 이야기를 들어주려 하고, 본인이 영어를 못하더라도 어떻게든 도와주려는 사람들도 있다. 하지만 용기를 내서 다가간 현지인에게 도움을 받지 못할 수 있고 언짢은 일이 생길 수도 있다. 기왕이면 현지인의 언어 사정을 고려해 배려하는 태도를 전하며 현지어로 인사를 해보자. 당신도, 그도 서로 기분 좋게 하루를 보낼 수 있는 기회다. 이후에도 당신의 남은 여행에 기분 좋은 일만 생길 것이다.

먼저 말을 거는 외국인은 모두 나쁜 사람일까?

다른 사람의 여행기를 보면 처음 만난 외국인과 즐거운 추억을 만든 에피소드가 많다. 함께 일정을 맞춰 여행하기도 하고, 현지인 맛집을 함께 찾거나 그의 집에 초대받기까지 했다는 사람들의 경험담을 들을 때면 마음이 붕붕 뜬다. 나도 외국인과 좋은 추억을 나눌 수 있을 거란 상상의 나래를 펼치다가, 몹쓸 외국인에게 소매치기나 사기를 당했던 사람들의 이야기에 다시 소심해진다. 괜히 외국인과 호기롭게 인연을 만들어보려 했다가 안 좋은 일이 생기면 어떡하지 하는 걱정이 머릿속을 불쑥 파고든다. 먼저 말을 거는 외국인은 소매치기거나 사기꾼일 가능성이 높다는데, 정말 그냥 다 무시하고 나만의 길을 가야 하는 걸까? 하지만 내 불안과 걱정 때문에 좋은 외국인 친구를 사귈 기회도 차버린다면? 먼저 말을 거는 외국인은 모두 피해야 할까?

나도 외국인 친구를 사귀어보고 싶어

혼자 여행을 다니면 먼저 말을 거는 외국인이 생각보다 많다. 서양권을 여행할 경우에는 더 자주 겪는다. 혼자 여행하는 아시아인이 계속 늘고 있지만 아직도 아시아인을 신기하게 여기는 서양인이 많은 까닭이다. 외국인들이 먼저 말을 거는 게 뭐 그리 대수일까 싶겠지만 문제는 소매치기나 사기꾼도 혼자 있는 여행자를 표적으로 삼는다는 것이다. 물론 혼행러뿐만 아니라 가족 여행자, 수십 명의 패키지 여행자도 그들의 표적이 될 수 있다. 그러나 혼행러는 신상을 보호해줄 일행이 없으므로 범죄 피해를 입을 확률이 더 높다.

3장에서 다룬 소매치기 유형을 통해 그들이 노리는 상황은 대체로 여행자의 시선이 소지품이 아닌 다른 곳으로 돌려졌을 때임을 파악했을 것이다. 당신이 발권기 앞에서 티켓을 구매할 때, 아름다운 절경에 빠져 있을 때, 인파로 붐비는 상점에서 쇼핑할 때, 혼잡한 대중교통 안에 있을 때 등이다. 여행자는 눈앞에 맞닥뜨린 상황에 휩쓸린 나머지 소지품 간수에 소홀하게 된다.

소매치기나 사기꾼이 먼저 다가와 상황을 조성하는 일도 사실 매우 흔하다. 먼저 말을 걸길래 잠깐 대화만 했는데 물건이 없어진다. 손이 어찌나 빠른지 언제 어떻게 훔친지도 모르고 평생의 미제 사건으로 남게 된다. 이야기를 나누면서 함께 음식점이나 술집에 갔다가 피해를 입는 경우도 꽤 있다. 그들은 먼저 일어나며 본인의 음식 값을 계산하고 가겠다 하거나 잠깐 자리를 비우는 척하며 도망

간다. 일말의 양심이 있다면 맥주 한 잔 정도의 아주 적은 금액을 계산하기도 한다. 정말 악질 사기꾼은 술에 약을 타거나 높은 도수의 술을 마시게 해 정신을 못 차리게 만든다. 여행자의 소지품을 뒤져 금품을 가져가고 카드를 한도까지 결제하기도 한다. 또 취한 여행자를 붙잡고 현금인출기에 데려가 돈을 인출하게 해 여행 자금을 탈취하기도 한다. 이런 대담한 범행도 둘 이상이 함께 여행하는 경우보다 혼행러들이 더 빈번하게 겪는다.

이렇게 흉흉한 사례 때문에 여행자는 처음 본 외국인과의 소통을 마냥 반가워하지 못한다. 이야기를 나누고 싶어도 혹시 나쁜 일이 생길까 싶어 지레 겁먹는다. 아무런 일이 생기지 않기를 원한다면 먼저 말을 걸어오는 외국인을 모두 차단하면 된다. 나쁜 일이 일어날 리 없지만 좋은 일도 일어나지 않는다는 단점이 있다.

흉흉한 후기 만큼이나 여행지에서 외국인이나 현지인과 특별한 우정을 나눴다는 에피소드도 있다. 처음 만난 외국인과 함께 여행하고, 현지인의 집에 초대받아 현지 가정식을 먹어봤다니! 생각만 해도 두근거린다. 혹시 모를 피해는 두렵지만 외국인과의 즐거운 추억을 만들고 싶은가? 그렇다면 당신이 명심해야 할 것은 단 하나다. 바로 무슨 일이 있어도 정신을 똑바로 차리는 것이다.

상어에게 물려도 눈만 때리면 산다

당신은 상어에게 물렸을 때의 대처법을 아는가? 영국인 나이젤 홈스가 쓴《여행 능력자를 위한 거의 모든 상식》에 따르면 상어의 눈과 아가미 중 하나를 집중적으로 때리면 상어가 아파서 놓아준다고 한다. '상어한테 물려 정신없는 상황에서 어딜 때려야 할지 생각이나 날까?' 싶을 것이다. 정확한 포인트다. 당장 죽을 것 같은 통증과 공포심에 휩싸여 있는데 상어의 약점을 금세 떠올리고 대응할 사람이 과연 있을까? 그렇다. 이 절체절명의 상황에서 정신을 차리고 상어의 눈과 아가미가 약점이라는 사실을 떠올려 실행에 옮기는 사람만이 살아남는 것이다. 낯선 외국인이 먼저 다가올 때도 마찬가지로 정신만 차리면 된다.

사람은 누군가와 일대일로 마주할 때 대화 자체에 집중한다. 당장 눈앞에 펼쳐진 상황에 주의를 기울이고 나와 대화하는 상대를 바라보느라 주변 상황까지는 살피기 어렵다. 게다가 상대가 말이 잘 통하지 않는 외국인이라면 제대로 이해하기 위해 대화 상황에 더 집중하게 된다. 혹시 일어날지 모를 돌발 상황에 대처하기가 더 어려워지는 것이다.

소매치기에 익숙하지 않은 한국 사람들은 누군가와 이야기할 때 내 물건이 사라질 수 있다는 생각 자체를 하지 않는다. '낯선 사람이 말을 걸면서 소지품을 훔쳐갈 수 있다'는 프레임 자체가 머릿속에 존재하지 않는 것이다. 먼저 적극적으로 다가오는 외국인은 소매치기나 사기꾼일 가능성이 높다고 말한 이유, 사기와 소매치기 유형에 대해 다양하고 구체적인 사례를 강조해 제시한 이유가 바로 여기에 있다. 당신 머릿속에 '먼저 다가오는 낯선 외국인은 조심해야 하며, A 상황에서 B, C, D 같은 일이 생길 수 있다'는 프레임을 형성하기 위해서다. 이 프레임이 없으면 낯선 외국인이 다가와서 말을 걸 때 경계심을 발동할 수 없다. 소매치기나 사기의 유형이 머릿속에 자리해야 그와 똑같거나 비슷한 상황에 당면했을 때 '내가 지금 소매치기를 당할 수도 있겠구나, 지금 사기당할 수 있는 상황이구나'라고 인식할 수 있다.

맹목적으로 포교 활동을 하는 사이비 종교인을 경계하는 사람이라면 길에서 잡고 늘어지는 이들을 단칼에 끊어내려 할 것이다. 무시하지 않으면 이야기를 계속 들어줘야 할지도 모르기 때문이다. 이 사람의 머릿속에는 '포교 활동을 하는 사이비 종교인을 무시하지 않으면 계속 붙잡고 늘어진다'는 프레임이 있다. 포교 활동 중인 사람이 보이는 순간 프레임이 발동돼 습관적으로 무시하고 지나친다. '먼저 다가오는 외국인은 소매치기나 사기꾼일 수 있으니 항상 경계해야 한다'는 정보 역시 이 수준의 프레임으로 만들어야 한다.

지식으로만 알고 있으면 전혀 도움이 되지 않는다. 막상 외국인이 먼저 말을 걸어오면 경계해야 한다는 사실도 다 잊어버린 채 대화에만 집중하게 된다. 그러고서 대화가 끝난 뒤에야 정신을 차리기 일쑤다. 당신의 머릿속에 먼저 다가오는 낯선 외국인을 경계해야 한다는 프레임을 새겨라. 그렇게 해야만 갑작스러운 대화 상황에서도 경계심을 가질 수 있다.

그냥 어쩌다 눈이 마주쳐 가볍게 눈인사만 주고받는 정도라면 상관없지만 낯선 외국인이 똑바로 다가와 말을 걸면 그때부터 정신을 바짝 차려야 한다. 경계 태세임을 대놓고 드러낼 필요는 없다. 우리에게 중요한 것은 소지품을 지키는 일이다. 사람이 눈앞에 있는데 물건부터 챙기는 게 꺼려지고 미안하다면 현지어로 "잠시만요" 또는 "실례합니다"라고 먼저 말해 시간을 벌자. 본인의 손이나 주머니에 물건이 있다면 가방 깊숙한 곳에 넣은 후 가방을 앞으로 메고 가방 위에 손을 두자. 가방이 없다면 주머니 깊숙한 곳에 소지품을 넣은 채 그대로 손을 꺼내지 마라. 이 과정을 습관으로 체화하면 소매치기 당할 위험은 사라진다.

끝날 때까지 끝난 게 아니다

당신이 소지품을 간수할 준비를 마쳤고 상대방이 이야기를 시작하면 정신을 바짝 차리고 그 의도를 파악해야 한다. 먼저 소매치기가 말을 걸어올 경우를 살펴보자. 보통 소매치기는 소지품을 훔쳐 달아날 목적이기 때문에 가벼운 대화를 시도한다. 그들은 어느 나라에서 왔느냐고 묻고 당신이 갖고 있는 카메라에 대해 묻기도 한다. 담배를 피우고 있으면 라이터나 담배 한 개비만 빌려달라며 다가온다. 당신에게 호의를 갖고 있거나 순수한 궁금증이 있다는 듯 말이다. 그들은 표적 대상이 경계심을 낮출 만한 대화의 실마리를 찾아 접근한다. 그런데 당신이 소지품을 전부 가방에 넣고 가방 입구를 보호하며 경계 태세를 갖추고 있다면? 정말 소매치기라면 자연스럽게 말을 이어가며 손으로 무언가를 하도록 이끌거나 잡으려 할 수 있다. 구렁이 담 넘어가듯 자연스럽게 혼을 쏙 빼놓고 우리의 주의를 흩뜨려 소지품을 훔치려는 것이므로 무시하고 피하면 된다. 쫓아오더라도 너무 겁먹지 말자. 무조건 무시하고 큰길로 향하면 어느새 사라져 있을 것이다.

반면 사기꾼은 여행자에 대해 보다 깊이 파고들려 하거나 다른 장소로 인도하려 한다. 그들의 흔한 수법은 명소나 음식점이 어디에 있고 어떻게 가는지 물으며 다가오는 것이다. 자신도 여행자라고 소개한 사기꾼은 가벼운 이야기를 나누다가 이름, 연락처, 다음 일정, 숙소 등의 정보를 캐묻기 시작한다. 당신의 개인 정보를 사칭해 사기를 치려는 것이다. 또 다른 수법은 "나도(우리도) 여행 중인데 내가(내 친구가) 오늘 생일이고 너한테 물어본 그곳이 유명한 맛집인데" 등의 이야기를 하며 같이 식사를 하자는 제안이다. 당신 덕분에 공짜로 배를 채우거나 여행 자금을 훔치려는 것이다. 자연스럽게 길을 물어보며 경계심을 풀게 하고 친밀하게 말을 걸기 때문에 속아 넘어가는 여행자가 많다.

물론 때로 길 잃은 외국 여행자가 당신에게 길을 물어볼 수 있다. 진짜로 길을 잃은 여행자인지 사기꾼인지 감별하는 방법은 간단하다. 만약 당신이 카메라를 들고, 큰 배낭을 메고, 모자를 쓴 채,

들뜬 상태로 이것저것 신기하게 보고 있는데 외국인이 길을 물어본다? 그는 100퍼센트 사기꾼이다. 하지만 당신이 현지인들처럼 가벼운 차림에 여유롭게 길을 걷고 있을 때 외국인이 길을 물어본다면 당신을 현지인으로 여긴 외국인 여행자일 가능성이 있다. 개인적으로 가방 하나 없이 걸어 다닐 때 길을 묻는 외국인이 많았다. 또 어쩌다 눈이 마주친 외국인이 큰 배낭을 메고 카메라와 종이 지도를 들고 혼란스러운 표정으로 당신에게 온다면 길 잃은 여행자가 맞다. 그러나 현지인같이 가벼운 차림을 한 사람이 "Hey(저기요)!" 하며 여유롭게 다가온다면 100퍼센트 사기꾼이다. 그들은 관광객처럼 위장하는 정성까진 들이지 않는다.

대화 내용도 중요하다. 지도를 보여주면서 지금 여기가 어딘지 알려줄 수 있느냐고 묻거나, 현재 위치에서 약간 떨어진 곳을 찾는 외국인은 길 잃은 여행자다. 그러나 사기꾼은 대체로 현재 위치에서 눈만 돌리면 보이는 관광지나 건물 또는 음식점을 물어본다. 어차피 목적은 말을 걸기 위함이니까. 또 길 잃은 여행자는 길을 알려주든 알려주지 않든 용건이 끝나면 사라지지만, 사기꾼은 새로운 대화를 시도한다. 보통 "Are you traveling? Me too(여행 중인가요? 나도 그래요)!"로 시작해 점차 개인적인 것을 캐묻는다.

냉정하게 생각해보자. 당신이라면 길에서 처음 만난 외국인에게 이름과 연락처를 묻고, 숙소가 어디며, 앞으로 어디 어디를 갈지 물어볼 텐가? 누군가가 길 좀 알려줬다고 해서 당장 함께 밥을 먹으러 가자고 할 텐가? 전혀 상식적인 행동이 아니다. 그들은 분명히 불순한 의도로 접근한 사람들이다.

그렇다면 호의를 가지고 다가오는 사람은 어떻게 구별할 수 있을까. 외국인이 한국 여행자에게 말을 거는 이유는 대체로 세 가지다. 첫째, 케이팝K-POP이나 한국 드라마같이 한류에 관심 있는 사람이다. 이들은 보통 한국에서 왔는지부터 물어본다. 대체로 한국인인 걸 직감하고 묻거나, 한국인이면 좋겠다 싶어 물어보는 것이다. 한국인이라고 대답하면 굉장히 반가워하며 본인이 관심 있는 분야에 대해 이야기한다. 함께 대화하며 친해지고 싶어 하므로 관심사와 성향이 잘 맞는다면 그와 당신은 친구가 될 수도 있다. 사기꾼도 얼마든지 한류에 관심 있는 척 다가올 수 있지 않느냐고 생각할 수 있지만, 앞에서 말했듯 그렇게 정성 들여 사기 치는 경우는 별로 없다. 이야기를 나누면 한류와 한국에 관심이 있어 말을 걸어온 건지 아닌지 감이 올 것이다.

둘째, 우연히 만난 여행자가 친해지고 싶어 하는 경우다. 보통 서로 사진을 찍어줬을 때, 식당이나 카페에서 옆이나 앞자리에 앉았을 때, 관광지에서 쉬던 중 눈이 마주쳤을 때 등 다양한 곳에서 외국인과 대화할 수 있다. 이때 상대가 자연스럽게 동행을 제안한다면 당신과 더 친해지고 싶다는 의미다.

셋째, 이성적으로 관심이 있는 경우다. 우연히 말을 튼 현지인이나 외국 여행자들 중 이런 목적으로 대화를 시도하는 사람이 꽤 있다. 대개 편하게 친구처럼 이야기하다 약속을 이어가려 하거나, 호감을 표현하며 적극적으로 대시한다. 대화를 튼 이후 잠시라도 동행하게 됐고 당신 역시 더 친해지고 싶거나 함께 다녀도 안전할 사람인지 판단하고 싶다면 같이 사진을 찍자고 해보자. 소매치기나 사기꾼은 신고와 수사의 위험성 때문에 같이 사진을 찍지 않을 확률이 높다. 끝까지 사진을 거부한다면 미련 없이 헤어져도 좋다.

물론 당신과 같이 사진을 찍었다 해도 무조건 안심할 순 없다. 당신과 가까워진 외국인이 현지인이든 여행자든, 무사히 헤어져 숙소로 돌아오기 전까지는 긴장의 끈을 놓지 말자. 소지품을 잘 간수해야 하는 것은 물론이고 상대방이 무엇을 묻든 신상에 해가 없을 질문인지 의도를 파악한 후 대답해야 한다. 만약 전혀 새로운 장소로 이끈다면 더더욱 정신을 차려야 한다. 입구가 막혀 있고 너무 구석진 곳은 아닌지 유의하며 대피로도 미리 파악해두자. 함께 음료나 주류를 마신다면 가급적 각자 개봉해 먹는 음료를 마시고 그럴 수 없다면 잔을 시선이 잘 닿는 곳에 두거나 항상 갖고 다니며 철저히 관리해야 한다. 잠시 자리를 비운 뒤 돌아왔다면 기존 것은 마시지 말고 새로운 음료를 시켜라. 외국에서 약물 범죄는 생각보다 흔하다.

낯선 외국인을 무조건 배척할 일은 아니지만 그들을 대할 때는 언제나 정신을 바짝 차려야 한다. 여행에서 가장 중요한 건 즐거움보다 안전임을 기억하라.

소매치기나
사기를 당했을 때는
어떡하지?

여행 중 소매치기와 사기만큼 두려운 일도 없다. 도난 방지 물품으로 무장하고 소매치기와 사기 유형을 빠삭하게 알더라도 피해는 당할 수 있다. 소매치기나 사기를 당했다면 당한 이후에 어떻게 대처해야 할까? 선배 여행자들은 소매치기나 사기꾼에게 위협을 가하거나 배상을 받으러 끝까지 따라가면 안 된다고 조언한다. 2차 피해를 입을 수도 있으니 그냥 포기하는 게 낫다는 것이다. 그런데 누군가는 사기꾼에게 욕설을 하거나 소매치기의 멱살을 잡았는데도 아무런 일이 없었단다. 과연 어떻게 대처해야 할까?

첫째도 침착, 둘째도 침착

선진국, 개발도상국 할 것 없이 세계적으로 유명한 관광지는 소매치기나 사기가 거의 하나의 문화로 취급된다. 너무나 익숙하고 흔한 일이라 경찰도 크게 개의치 않는다. 현지인은 알아서 주의하고 경계하지만 현지 문화에 익숙하지 않은 여행자라면 범죄자의 표적이 될 가능성이 높다. 평소 소매치기나 사기에 경각심이 없는 환경과 문화에 익숙한 한국인은 피해를 입을 가능성이 더욱더 높다. 타국에서 소매치기나 사기로 인해 피해를 입고 나면 머릿속이 하얘지는 게 당연하다. 그러나 당황해선 안 된다. 소매치기나 사기를 당했을 때의 행동 수칙은 첫째도 침착, 둘째도 침착이다.

소액 사기는 환전 사기나 거스름돈 사기가 가장 흔하다. 일단 환전소 인근에서 싼값에 환전해주겠다는 사람, 난데없이 나타나 돈을 바꿔달라는 외국인은 피해야 한다. 상식적으로 생각해보자. 처음 본 외국인에게 자신의 손해를 감수하면서까지 환전해줄 이유는 없다. 또 지나가던 여행자에게 돈을 바꿔달라는 이유가 있을까. 이러한 방식으로 환전을 제안하는 외국인은 무조건 사기꾼이다. 환전소에서도 환전 금액을 덜 돌려주는 사기를 칠 수 있다. 환전을 받으면 무조건 그 자리에서 바로 세어보자. 뒤에 사람이 있으니 비키라며 눈치를 주거나 짜증을 낼 수 있다. 뒷사람에게 실례한다고 양해를 구한 뒤 정확한 금액을 확인하기 전까지 절대 자리를 벗어나지 마라. 다음 차례에서 제대로 된 금액을 요구하면 모르쇠로 나온다. 꼼꼼히 확인한 뒤 사과하면 되니 끝까지 침착하자.

다음은 거스름돈 사기를 당하는 경우다. 음식점이나 상점, 택시 등에서 3,000원이 나와 1만 원권을 냈지만 5천 원권을 받았다며 2,000원만 거슬러주는 식의 사기가 자주 일어난다. 이때도 무조건 침착하자. 상대방은 애초에 배짱으로 나오기 때문에 당황하거나 우물쭈물하면 돌려받지 못한다. 바쁘다고 오히려 화를 내거나 뒷사람을 방해하지 말라며 무안을 주기도 하는데, 받아낼 의지가 있다면 자리를 벗어나지 말고 정확한 금액을 내놓으라며 계속 요구해야 한다. 끝까지 발뺌할 경우 다른 사람들도 들을 수 있을 만큼 큰 목소리로 사기 치지 말라고 하거나, 주변 사람들에게 이 상황을 크게 전하라. 분위기나 눈총에 못 이겨 제대로 된 금액을 돌려주는 경우가 많다. 대체로 이렇게 요구하지 못하고 자리를 피하는 사람이 많기 때문에 상대방이 의기양양한 것이다. 다음에 또 피해를 입을지 모를 여행자를 위해 당신의 매운맛을 보여주는 것 또한 선행이 될 것이다. 상점이나 음식점에서 이런 일을 겪었다면 구글맵 후기에 거스름돈 사기를 당할 뻔했다고 쓰는 것도 잊지 말자.

이성적으로, 단호하게 대처하기

사람으로 혼잡한 관광지나 시장, 대중교통에서 본인의 움직임과 관계없이 옷이나 가방이 끌려가는 느낌이 든다? 무조건 소매치기다.

정말 미세한 움직임도 무시하지 말자. 소매치기는 조금만 민감하게 대처해도 막을 수 있다. 또 누군가 본인의 옆이나 뒤에 지나치게 달라붙어 있다는 느낌이 들면 소매치기다. 어느 나라든지 타인의 옆에 착 달라붙어 있는 행동은 무례한 것이다. 특히 서양은 개인 간 거리를 중요시하기 때문에 옷깃만 스쳐도 불쾌함을 표시하는 이들이 많다. 끌려가는 느낌이나 누군가 달라붙어 있는 느낌이 들었을 때 고개를 돌리면 누군가와 눈이 마주치는데 보통 그가 소매치기다. 이때 당신의 가방이 열려 있거나, 당신의 가방이나 옷 주머니에 그들의 손이 들어가 있거나, 그들의 손에 당신의 어떤 물품이 쥐어져 있을 확률이 높다. 직접적인 피해 상황이 벌어지지 않았다면 강하게 노려보며 불쾌함을 표시하라. 소매치기 대부분은 웃으며 능구렁이처럼 넘어가거나 양손을 흔들며 억울해한다.

만약 그들의 손에 이미 당신의 물품이 있다? 그래도 다행이다. 지금이라도 알았으니까. 이때는 침착함보다 순발력이 중요하다. 곧바로 물품을 빼앗아라. 상대는 "네가 떨어뜨려서 내가 주워준 거야"라는 식으로 억울함을 표시할 것이다. 대꾸하지 말고 자리를 피하라. 경찰이 매우 가까이에서 직접 목격하지 않은 이상 현행범으로 체포하기도, 범죄를 입증하기도 어렵다. 그러나 장소나 사람은 가려서 대응할 필요가 있다. 일단 대중교통에서 소란이 벌어지면 사람들의 이목이 집중된다. 놀란 여행자가 반사적으로 소매치기의 손을 찰싹 때리더라도 현지인들은 여행자를 옹호하는 분위기다. 소매치기는 불리한 입장에 몰리면 먼저 자리를 피해버린다.

만약 관광지에서 소매치기를 시도하려는 집시를 만났다면 절대로 손을 때리는 행위 같은 건 하지 말자. 그곳은 각자 본인의 감흥에 취해 있는 여행자가 대부분이다. 다른 사람까지 살피며 도와줄 사람이 적다는 뜻이다. 게다가 집시들은 여러 명 몰려다닌다. 손을 맞아 화가 난 집시가 일행을 불러 모아 여행자 한 명을 둘러싸는 건 일도 아니다. 물론 그럴 때에도 크게 소리치며 밀어내고 빠져나오면 되지만, 정신을 차리고 보면 소지품이 없어져 있을 확률이 높다. 집시는 남루하고 촌스러운 차림에 3명 이상이 몰려다니는 편이다. 여행할 도시 이름과 함께 집시를 검색하면 그들의 모습을 볼 수 있다. 이렇게 미리 알아두면 현지에서도 어떤 무리가 집시인지 알 수 있다.

다음은 소매치기를 당한 직후의 대처법이다. 만약 소지품이 없어졌고, 자리를 피하는 누군가의 손에서 본인의 물건을 발견했다면 일단 따라가서 빼앗자. 가끔 너무 화가 나서 소매치기의 멱살을 잡거나 한국어로 욕을 쏟아붓는 여행자도 있다. 욕은 그렇다 쳐도 신체 접촉은 자제하자. 별로 위협적이지 않더라도 소매치기가 보복할 수 있기 때문이다. 따라오며 약을 올린다거나, 옷이나 가방에 오물을 묻힌다거나, 가방을 조금 찢어놓는 등 다양한 방법으로 괴롭히니 주의하자.

소매치기를 뒤쫓는 것이 위험한 순간은 그가 어둡고 좁은 골목으로 사라졌을 때다. 이때는 이성적으로 생각해야 한다. 억울하지만 포기하는 게 신변에 좋다. 그를 찾아 물건을 뺏어올 수 있으리란 보장도 없고 사람이 없는 곳에서는 다쳐도 도움을 받기 힘든 까닭이다. 경찰서를 찾아가 폴리스 리포트를 작성하고 여행자 보험으로 보상받는 것이 현명한 선택이다.

마지막은 고액 사기를 당한 경우다. 고액 사기는 여행 일정뿐만 아니라 심리적인 부분에도 엄청난 피해를 입힌다. 물론 처음부터 정신을 차리고 있는 것이 좋겠지만 당한 이후에는 더욱 정신을 차려야 이성적으로 대처할 수 있다. 혼행러가 겪는 고액 사기는 대부분 술집에서 일어난다. 동행한 외국인이 여행자의 음료에 약을 타 정신을 못 차리게 한 뒤 지갑을 훔쳐 카드로 고액을 결제하거나 현금을 인출해가는 식이다. 사실 이때도 카드를 정지한 후 경찰서에서 폴리스 리포트를 작성하는 방법밖에 없다.

그런데 영어권 국가가 아니거나 경찰서에 영어가 가능한 사람이 없다면 진술이 힘들 수 있다. 일단 아무 경찰서나 들어가 도움을 요청하면 영어가 가능한 곳을 안내해주기도 하는데, 두 번 고생하고 싶지 않다면 그 도시에서 소매치기나 사기를 당했던 여행자의 글을 인터넷에서 찾아보라. 영어가 가능한 경찰서 위치, 폴리스 리포트 작성 방법을 상세하게 알려주는 글이 많다. 만약 영어가 부담스럽고 용기도 나지 않는다면 현지 대사관에 통역 서비스를 요청하자. 운영 시간이 아니라 당장 도움을 받을 수 없다면 현지인 커뮤니티나 여행 커뮤니티에 통역 도움을 요청하는 것도 좋다.

여행 중 소매치기나 사기를 당하면 그 충격이 적지 않다. 운이 나빴다고 여기며 극복하는 사람이 있는 반면 큰 타격을 받는 이도 있다. 만약 본인이 후자에 해당된다면 예정했던 일정을 잠시 미루

자. 여행보다 심신부터 안정시키는 게 더 중요하기 때문이다.

놀란 마음 추스르기

소매치기나 사기를 당하면 온 세상이 원망스럽다. 피해를 입힌 소매치기와 사기꾼은 말할 것도 없고 눈치채지 못한 스스로를 한없이 자책하게 된다. 아름답고 예뻐 보이기만 했던 여행지가 악의 소굴처럼 보인다. '나는 왜 여행을 와서 이 고생을 하고 이런 일을 겪나.' 하는 부정적인 생각이 꼬리에 꼬리를 물며 좌절감에 빠진다. 이런 기분으로는 도무지 여행을 즐길 수 없다. 부정적인 감정을 전환할 시간이 필요하다.

다른 도시로 꼭 이동해야 하는 일정이 아니라면 여행을 잠시 멈추자. 일정을 소화하려 애쓰기보다 안정을 찾을 수 있는 곳에서 휴식을 취하는 것이 좋다. 만약 사고를 처리하느라 밥을 먹지 못했다면 빈속부터 채우자. 속이 비면 더 예민해지고 몸과 마음이 더 처진다. 현지 음식점보다 한식당에서 친숙한 한식을 먹는 것이 안정에 도움이 된다. 밥 먹기도 싫고 사람도 보기 싫다면 숙소에서 휴식을 취하는 것도 좋다. 침대에 늘어져 쉬는 것은 안정을 찾는 가장 좋은 방법이다. 숙소가 답답하다면 본인이 편안함과 즐거움을 느꼈던 관광지에 다시 가는 것도 좋다.

쉬어도, 관광지에 다시 가도 기분은 여전히 우울할 수 있다. 우리의 마음과 생각을 다른 방향으로 바꾸지 않는 이상 여행을 즐길 수 없다. 그 여행지 또한 소매치기 당한 곳, 사기꾼에게 당한 곳으로만 기억된다. 어렵겠지만 소매치기나 사기에 대한 생각은 이제 그만두자. 그 사건을 붙잡고 있으면 우울이나 분노 같은 감정에 파묻히기 쉽다. 물론 코끼리를 생각하지 말라고 하면 코끼리를 떠올리듯이, 어떠한 생각을 그만둬야 한다고 생각하면 그만두기가 더욱 어려워진다. 그 대신 새로운 생각으로 덮어야 한다.

지금까지 당신의 여행이 어땠는지 떠올려보자. 당신은 소매치기나 사기를 당하기 전까지 매우 즐겁게 여행했을 것이다. 이국적인 풍경을 즐기고 맛있고 독특한 현지 음식을 맛보며 우연히 만난 외국인과 대화하면서 즐거운 에피소드를 쌓았을 것이다. 당신이 만든 수십 가지 즐거운 에피소드에 비해 소매치기나 사기 사건은 한 가지 해프닝에 불과하다. 그저 좋지 않은 일이 하나 있던 것뿐이다.

부정적이고 위협적인 사건에 초점을 맞추는 사람이라면 소매치기나 사기 사건에 더 집중하기 마련이다. 혹시 당신은 평소 어떤 실수를 저질렀을 때 그 하나로 그동안의 모든 성과를 판단하는가? 누구나 실수는 한다. 실수는 흔하디흔하고, 똑같은 실수를 다시 저지르지 않기 위해 기억해두면 될 뿐. 어쩌다 생긴 좋지 않은 일 하나가 당신 인생을 결정하지 않는다. 소매치기나 사기 같은 해프닝 하나 때문에 당신의 모든 여행이 불행으로 얼룩지진 않는다는 뜻이다. 앞으로의 여행은 지금 벌어진 일과 전혀 관계없이 즐겁고 행복할 수 있다. 또 당신이 지금 있는 곳은 당신이 몇 날 며칠을 기대해왔던 여행지다. 즐겁고 재미나며 아름답고 신기한 것이 더 많은 곳이다. 그런데 당신이 만난 소매치기나 사기꾼 한 명 때문에 그곳을 악의 소굴로 기억할 것인가? 그렇다면 그곳에서 아름다움을 느끼고 즐거움을 만들 기회를 빼앗기는 셈이다. 금전 피해와 더불어 두 배로 억울해지는 일이다.

소매치기나 사기는 분명히 속상하고 짜증 나는 일이다. 그러나 지나간 것은 지나가도록 두자. 불쾌한 일은 구름에 흘려보내고 괴로운 마음은 바람에 털어버리자. 할 수 있는 일은 다 했으므로 이제 미련을 버려야 한다. 내가 통제할 수 없고 해결할 수 없는 일에 신경을 쏟아부으면 좌절에 빠진다. 행복한 여행을 지속하려면 지난 일에 매이는 대신 긍정적이고 진취적인 자세가 필요하다.

또 이것과 더불어 가져야 할 것은 경계도 과유불급이라는 태도다. 소매치기나 사기를 당하면 얼마간은 굉장히 예민하고 신경이 곤두서기 마련이다. 누군가와 눈만 마주쳐도 소매치기인가 싶고, 가볍게 말을 거는 사람도 사기꾼인가 싶어 바짝 경계하게 된다. 조심하려는 마음가짐 자체는 좋다. 그러나 모든 사람을 경계하고 의심하지는 말자. 경계하지 않아도 될 사람까지 경계하느라 심신이 지친다. 조심해야 하는 장소, 상황, 사람만 조금 더 신경 써 주의하면 된다. 당신은 계속해서 행복하고 즐겁게 여행할 것이다.

인종 차별을 당하면 어떡하지?

다른 사람들의 여행기를 보면 인종 차별 이야기가 심심치 않게 나온다. 동물원 원숭이 보듯 뚫어지게 쳐다보며 지나가는 사람들, “니하오, 곤니치와!” 하고 인사말을 던지며 낄낄대는 사람들, 음식점이나 상점에서 은근히 차별하는 사람 등. 여행 가기 전부터 골치가 아프다. 사실 이보다 더 심한 경우도 있다. 길거리에서 눈을 찢고 메롱 하며 지나가는 사람, 갑자기 침을 뱉고 욕설하며 지나가는 사람, 정말 더 심하면 무언가를 던지거나 난데없이 시비를 거는 사람도 있다. 이럴 땐 그냥 무시하는 게 현명하다. 어차피 말이 통하는 사람들도 아니고 보복을 당할 수도 있기 때문이다. 하지만 인종이 다르다고 해서 조롱의 대상이 되고 무시를 당하는 건 억울하다. 인종 차별을 경험하면 무조건 참아야 할까? 인종 차별에는 어떻게 대처해야 할까?

똥은 더러워서 피하는 것

서양권에서 겪는 인종 차별 중 가장 덜 위협적이고 흔하게 겪을 수 있는 일은 시선이다. 진짜 왜 저렇게 보나 싶을 정도로 대놓고 쳐다보는 사람들이 많다. 마치 동물원 원숭이 쳐다보는 듯한 느낌에 기분이 나쁜 건 당연지사. 서양이 아무리 눈을 보고 대화하는 문화권이라 해도 처음 보는 사람을 빤히 쳐다보는 건 예의가 아니다. 만약 우리가 동양인이 아니었다면 그렇게 뚫어지게 쳐다봤을까? 아마 아닐 것이다.

해외에서 뚫어지게 쳐다보는 외국인에게 일일이 다 반응해주면 당신만 손해다. 그냥 '무례하고 몰지각한 사람이구나, 똥이 더러워서 피하지 무서워서 피하냐'는 식으로 무시하는 게 편하다. 물론 도저히 용서되지 않을 경우도 있을 것이다. 그때는 매우 불쾌하고 거슬리며 화난다는 표정을 짓자. 이왕 표현하는 거 있는 힘껏 제스처를 취하자. 강하게 대응하면 상대는 도리어 머쓱해하며 눈을 돌린다. 그럼에도 불구하고 계속 쳐다보며 적개심을 드러내서 도저히 참을 수 없다면 성큼성큼 다가가 "Why are you looking at me(왜 보는 거예요)?" 하고 말하라. 아마 당신이 먼저 말을 걸 것이라곤 생각하지 못해 횡설수설할 것이다. 그들의 말을 알아듣지 못해도 상관없다. 사과하는 늬앙스라면 돌아서고 아닌 듯하면 경멸하는 표정을 지어주고 가던 길을 가자.

또 길거리에서 흔하게 일어나는 인종 차별 중 "니하오", "곤니

치와" 하고 중국이나 일본 인사말을 하는 유형이 있다. 만약 외국인 두세 명이 저렇게 말하며 낄낄대거나 수군거리면 100퍼센트 인종 차별이다. 물론 한 사람이라도 그 표정에 조롱과 깔보는 느낌이 담겼다면 인종 차별이다. 당신이 예민한 게 아니라 당신의 느낌이 맞는 것이다. 애당초 당신을 인사를 나누고 싶은 '한 사람'으로 존중하는 외국인이라면 이런 태도로 다가오지 않는다. 동양인을 무시하고 깔보는 인종 차별 관점을 가진 사람이라 당신의 국적이 무엇인지 알아볼 생각도 없이 일단 아시아권 인사말로 조롱하는 것이다.

이러한 부류에게 한국인임을 밝히면 우물쭈물하면서 당황한다고 전하던 여행 후기를 본 적 있다. 그러나 이런 식의 인종 차별자들은 당신이 어느 나라 사람인지 관심 없는 부류다. 당황하는 인종 차별자는 매우 극소수이며, 오히려 더 조롱하는 경우가 많다. 그들의 관심 끌기성 놀림에 응답해줄 필요가 전혀 없다. 무시하는 것이 최선이지만 정 못 참겠다면 한심하다는 듯한 표정을 날려주고 자리를 피하는 게 좋다. 그냥 넘어가기 싫고 그 저열함을 콕 짚어줘야겠다면 무심하게 현지 인사말로 답해보라. 자기의 조롱에 비해 격조 있는 태도에 머쓱해할 것이다.

그런데 간혹 당신을 진짜 일본인이나 중국인이라 생각해서 그 언어로 인사하는 사람도 있을 것이다. 이들의 인사가 비하 의도가 아님을 알 수 있는 요소는 당신의 반응을 기다리는 태도다. 앞에서 말한 인종 차별적 인사말을 던지는 부류와 표정이나 분위기 자체가 다르다. 물론 본인 멋대로 국적을 판단한 건 잘못된 태도지만 진심으로 인사를 나눌 의도로 다가오는 이들에게 발톱을 세울 필요는 없다. 현지어로 인사한 후 "I'm Korean(전 한국인이에요)." 하고 답하자. 아마 곧바로 사과할 것이다.

가끔 외국인들의 시선이 너무 불편하고 짜증 나서 마스크를 쓰고 싶다는 여행자도 있다. 그러나 서양권에서 마스크를 쓰면 아마 모든 사람들이 쳐다볼 것이다. 그들은 환자나 범죄자가 아니면 마스크로 얼굴을 가릴 필요가 없다고 생각한다. 우리나라에서는 방한용이나 미세먼지 차단 마스크를 일상적으로 사용하지만 서양권은 전염성이 강한 질병에 걸린 경우가 아니면 마스크를 쓰지 않는다. 아무리 추워도 모자를 뒤집어쓰거나 목도리로 칭칭 감는 게 전부다. 또 테러가 자주 일어나는 도시나 유명한 관광지, 쇼핑몰 등에서 마스크를 쓰면 테러 위험 인자로 취급되어 경찰에게 불심 검문을 당할 수도 있다.

무시가 안 될 때는 침착하게

가벼운 인종 차별만 겪으면 기분 상할 일이 적겠지만 때로 굉장히 불쾌한 경우가 생기기도 한다. 조금 더 수위가 있는 인종 차별 유형을 소개한다. 길거리에서 경험할 수 있는 조금 더 심한 인종 차별은 손가락으로 눈꼬리를 잡아당겨 눈을 찢는 행동이나, 대뜸 "칭챙총" 하며 지나가는 것이다. 이 두 가지 인종 차별에는 메롱 하는 행동이 옵션으로 붙기도 한다. 전자는 서양인에 비해 눈이 작은 동양인의 외모를 비하하는 행동이다. 칭챙총은 중국어가 서양인 귀에 들리는 대로 흉내 내는 일종의 의성어다. 이러한 인종 차별 언행은 남녀노소 할 것 없이 전 세대가 하곤 한다.

이렇게 노골적으로 인종 차별하는 외국인을 마주치면 매우 언짢다. 그저 '본인의 저급함을 이렇게 티 내고 다니는 사람이 있네'라며 무시하는 게 좋다. 따끔하게 한마디 해주고 싶겠지만 부질없는 짓이다. 처음부터 조롱하고 비하하려는 의도로 한 행동이기 때문이다. 그래도 그냥 넘길 수 없다면 아주 침착한 태도로 격조 있게 부끄러움을 느끼도록 대응해야 한다. 상대가 어린아이라면 굳은 표정으로 "Hi, kiddy(꼬마야, 안녕). You know what? Manners maketh man(예절이 사람을 만든다는 거 아니)?" 하고 말해보자. 깔보던 동양인이 핵심을 찌르니 당황할 수밖에 없다. 아이가 영화 〈킹스맨〉을 보지 않았더라도 자신의 행동이 큰 잘못임을 깨닫게 될 것이다.

외국인에게 당한 인종 차별을 되받아칠 때에는 주의해야 할 점이 있다. 그가 폭행을 시도하지 못할 정도로 사람이 많은 곳이며, 밝은 대낮이고, 술에 취하지 않았으며, 적대감에 가까운 태도를 가지지 않았을 때다. 만약 이 네 가지 조건에 모두 반대되는 상황에서 인종 차별을 당했다면 무조건 피하라. 어떤 상해를 입을지 알 수 없다. 특히 길거리에서 당신을 향해 침을 뱉거나 욕설을 하고 "왁!" 하는 괴성을 지르며 지나가는 사람도 있을 수 있다. 이렇게 공격적인 행동을 보면 굉장히 놀라게 된다. 심장이 두근두근 뛰고 손이 덜덜 떨리면서 '내가 뭘 잘못했나'라고 생각할 수 있지만 당신 잘못이 아니다. 그들의 폭언과 적대적 감정을 받아들일 필요도, 그것을 떠안을 책임도 당신에겐 없다. 문제가 있는 사람은 불쌍히 여기며 지나가도록 하자. 길거리에서 당하는 저급한 인종 차별은 무시하는 것이 가장 좋다. 애초에 논리가 결여된 멸시에 불과하므로 대응해봤자 시간과 감정만 낭비할뿐더러 자칫 대응이 과해지면 상해를 입을 가능성도 있기 때문이다.

길거리에서 일어나는 인종 차별은 경찰에 신고해도 처벌이 어렵다. 현지 경찰은 여행자보다 자국민의 권익을 더 보호하는 경향이 있다. 영상이 없다면 증거를 제시하기 어려워서 여행자의 인종 차별 사건에 적극적으로 대응하지 않는 편이다. 오히려 여행자를 예민한 사람으로 취급하는 경우가 많으므로 신고도 소용없을 때가 많다. 아니, 경찰을 부르지 않는 게 더 현명한 방법일 수 있다. 인종 차별을 당했더라도 폭력이 개입되면 상황의 국면이 바뀐다. 먼저 신체 접촉을 가하는 일은 절대 지양하자.

다음은 음식점이나 상점에서 당할 수 있는 인종 차별이다. 식사를 하거나 물건을 고를 때 그곳의 손님들이 당신을 보며 낄낄거릴 수 있다. 만약 도저히 넘어갈 수 없다면 먼저 다가가 현지어로 격식 있게 인사한 뒤 "I can hear what you're talking about. Watch your mouth(당신이 하는 말 다 알아들을 수 있어요. 말 조심해요)." 하고 말하라. 그러면 이목이 집중되어 언동을 자제할 수 있다. 만약 이후에도 경멸스러운 태도를 계속 보인다면 깡그리 무시하자.

때로는 식당 직원도 인종 차별을 한다. 아닌 척 애매하게 차별하거나 아예 대놓고 무례하게 나오거나 둘 중 하나다. 음식점에서는 당신이 서비스를 받는 입장이므로 정당하게 이의를 제기할 수 있다. 불쾌한 언행이 느껴졌을 때 이 사람이 자국민에게도 이럴까 생각해보자. 보편적인 태도로 볼 수 없고 인종 차별이 확실한 표현이나 행동을 했다면 책임자를 불러 대응하면 된다. 규모가 큰 곳이라면 본사에 항의 메일을 보낼 수 있도록 해당 직원의 이름을 기억해두고 꼭 영수증을 챙기자. 방문 일자와 시간, 당시 상황과 직원의 이름을 적어 본사에 메일을 보내면 현지어 소통이 어려울 경우에 효과적이다. 작은 매장이라면 트립어드바이저나 구글, SNS 등에 인종 차별 후기를 남기자.

일반 상점이나 개인 플리마켓에서도 아닌 척 치사하게 구는 인종 차별이 있다. 보통 내 앞 외국인까지는 친절했는데, 내가 계산대 앞에 서면 바쁜 척하며 계산을 해주지 않는 경우가 대부분이다. 다른 데 가기도 귀찮고 인종 차별에 대응하기 귀찮아졌다면 현지어로 인사하며 계산을 부탁해보라. 머쓱해하며 계산해주거나 갑자기 친절하게 대할 수도 있다.

아직 인종 차별을 당해보지 않았다면 이 부분을 읽으며 환멸감을 느낄 수 있다. 지금 여행 중이고, 인종 차별을 몇 번 당했다면 내가 이런 취급을 당하면서 여행해야 하나 싶은 생각이 들 수도 있다. 그런데 우리가 인종 차별을 당했다고 생각하는 일들 중에는 사실 인종 차별이 아닌 것도 있다. 문화적 차이를 인종 차별로 오해하고 기분 상하는 경우도 있다는 것이다. 우리가 그들의 문화를 다 알 수는 없지만, 어떤 상황이 인종 차별이 아닐 수 있음을 알게 되면 짜증날 일이 조금 줄게 된다.

모두가 그런 것은 아니다

현지 문화에서 기인한 상점 직원의 행동을 인종 차별로 오해할 때가 종종 있다. 특히 서양권으로 여행 간 경우 그 가능성이 더 높아진다. 같은 아시아라도 문화는 천차만별인데 서양권은 오죽하랴. 여행 중 음식점 및 상점에서 생길 수 있는 오해에 대해 알아보자.

서양에는 예약 문화가 깊게 자리 잡고 있다. 그 덕분에 식당에 발을 들이기도 전에 예약이 끝났다며 문전박대를 당하기도 한다. 인기 있는 식당이거나, 주말 혹은 공휴일이라면 정말 예약이 다 찼을 수 있다. 물론 동양인을 식당에 들이고 싶지 않아 문 앞에서 막는 경우도 있다. 이때는 이전에 겪은 동양인 손님에 대한 좋지 않은 경험 때문에 들이기를 꺼리는 것일 수도 있다. 과하게 시끄러웠다거나 팁을 주지 않았던 행동 등이 그 예다.

섣불리 인종 차별로 생각해서 기분을 망치고 싶지 않고 그 식당에 큰 미련이 없다면 그냥 다른 식당을 가면 된다. 그러나 거기서 꼭 식사하고 싶고, 저 직원이 인종 차별을 하는 건지 아닌지 확실히 알고 싶다면 예약 가능 여부를 물어보라. 대기자 명단에 이름을 올릴 수 있는지, 예약이 가능한 때가 언제인지, 여기서 예약하고 갈 수 있는지 등을 묻자. 인종 차별이 맞다면 귀찮아하면서 나가라고 할 것이다. 이때는 다른 식당으로 가는 게 편하다. 트립어드바이저와 구글맵에 인종 차별 후기를 남기는 건 필수.

다음은 음식점 안에서 일어날 수 있는 상황을 살펴보자. 일단 예약하지 않은 음식점에 들어갔다면 마음대로 앉지 말고 직원이나 서버가 올 때까지 입구에서 기다리자. 서양권 식당은 테이블이나 구역별로 담당 서버가 정해져 있다. 그들의 안내 없이 아무 데나 앉았다가는 예의 없는 동양인 취급을 받기 마련이다. 또 담당 직원이 당신을 발견하지 못했다면 손님을 받은 적 없다고 여길 수 있다. 이를 모른 채 들어가 앉았다면 '왜 주문 안 받지? 이거 인종 차별 아냐?' 하고 오해할 것이다.

음식점에 들어갔을 때 직원이 먼저 다가와 인사하면 함께 인사부터 나누자. 우리나라도 마찬가지지만 서양권에서는 손님이 직원의 인사에 화답하지 않으면 본인의 친절을 무시한다고 생각해 기분 나빠 한다. 당신은 그저 처음 보는 식당 직원에게 인사하지 않은 것뿐이지만 서양인들은 그런 동양인이 무뚝뚝하고 소심하다고 여긴다. 문화 차이에 의한 행동이 오해를 양산하는 것이다. 그러므로 식당에 들어갔을 때 직원이 인사해오면 현지어로 밝게 웃으며 답하자. 그들 방식대로 대하면 친절한 서비스가 따라온다.

직원의 안내를 받아 자리에 앉을 때도 오해가 생길 수 있다. 분명히 음식점 안쪽에 넓고 좋은 자리가 많은데 입구나 테라스로 안내하는 경우다. 직원이 당신을 차별해 바깥으로 안내한 게 아니다. 서양인들은 웬만큼 춥지 않은 이상 외부 테라스를 선호한다. 직원 딴에는 손님이 좋아할 만한 자리로 이끈 것이다. 만약 내부에 앉고 싶다면 “Thank you, but I want to sit inside(고맙지만, 전 안쪽에 앉을게요).” 하면 다시 안내해줄 것이다.

당신을 식당 한쪽 구석에 앉히거나, 유독 동양인이 모여 있는 쪽의 테이블로 안내할 수 있다. 이는 인종 차별일 수도, 아닐 수도 있다. 식당 측에서는 예약 없이 찾아온 손님보다 먼저 예약한 손님에게 좋은 자리를 준다. 예약하지 않은 손님은 상대적으로 좋지 않은 자리나 구석에 앉게 된다. 이 예약하지 않은 손님 대부분이 동양인일 확률이 높다. 또 비예약 손님을 앉히는 구역이 따로 있는 식당이라면 동양인들이 같은 구역에 앉게 될 확률이 높다. 물론 인종 차별을 몇 번 겪은 여행자라면 오해의 소지가 생긴다. 자리도 많은데 왜 하필 구석에, 그것도 동양인들끼리 앉게 하는지 의아할 것이기 때문이다. 여기서 속단하긴 어렵다. 주문 상황으로 넘어가야 판별이 가능하다.

주문할 때 우리나라처럼 서버를 외쳐 부르는 건 실례다. 또 서양권은 음식점에서 마실 것부터 주문해 음료를 마시며 천천히 메인 메뉴를 결정한다. 음료만 적힌 메뉴판을 먼저 받았다면 음료부터 시키라는 뜻이다. 주문할 음식을 결정했다면 메뉴판을 덮고 서버와 눈을 마주치자. 보통 본인이 맡은 테이블을 예의 주시하므로 눈이 마주치면 직원은 금방 온다. 정 눈을 맞추기 힘들다면 손을 들어 표시하면 된다. 서버가 인종 차별주의자라면 다른 손님을 응대하는 것에 비해 불친절하고 귀찮은 티를 낼 것이다. 주문하려고 손을 들어도 못 본 척 무시할 수도 있다. 맛있게 식사하려고 찾은 곳이므로 본래 목적을 위해 서버를 바꿔달라고 하고, 앞에서 언급한 것처럼 식당 규모에 맞게 대응하자.

상점에서 흔히 오해할 만한 직원의 행동은 잔돈을 던지듯 주는 것이다. 서양권은 과거 페스트 피해를 심하게 입었던 지역이라 손 닿기를 꺼리는 문화가 있다. 만약 인종 차별이 맞다면 대개 처음부터 눈에 띄게 불친절하거나 무례한 태도를 보인다. 대응이 귀찮다면 무시하고, 음식점에서 대응했듯이 상점 규모에 맞게 대처하자.

여행 중에 인종 차별을 몇 번 당하면 누가 그냥 쳐다보는 눈길마저 엄청난 스트레스로 다가온다. 작은 일에도 '이거 인종 차별 아니야?' 하며 신경을 곤두세우게 된다. 이런 상태가 이어지면 여행이 자칫 상처로 얼룩질 수 있으므로 마음을 잘 다독여야 한다. 인종 차별은 언제나 저지르는 사람에게 문제가 있는 것이다. 무시가 답이다.

때로는 당신을 인종 차별에서 보호해주거나 자국민보다 더한 친절을 베풀어주는 현지인도 만날 수 있다. 누군가의 저급함으로 받은 상처는 또 다른 누군가의 선량함으로 치유받을 수 있다. 누군가의 조롱 대상이 되면 어쩌나 신경 쓰는 대신 당신이 보고 느낄 풍경에 시선을 돌려보자. 여행은 더 큰 즐거움으로 충만해질 것이다.

혼행러를 위한 꿀팁

여행 일기 쓰기

혼행 중에는 별일이 다 생긴다. 인생 최고의 날이라 해도 좋을 만큼 행복한 하루도, 혼자서 감당하기 벅차고 힘든 하루도 있다. 즐겁고도 힘들던 여행에서 돌아온 뒤 여행자들이 가장 아쉬워하는 게 하나 있다. 바로 여행할 때 느꼈던 감정을 그때그때 기록해두지 않은 것이다.

당신은 일상을 기록하는 습관을 가졌는가? 일기를 아예 쓰지 않거나 몇 번 쓰다 마는 사람이 있고, 남길 일이 있을 때만 쓰는 사람, 매일매일 빠뜨리지 않고 쓰는 사람이 있다. 나는 매년 다이어리를 사지만 매번 일주일도 채 쓰지 못하는 부류다. 며칠 쓰다 까맣게 잊어버리곤 다음 해가 왔을 때 허탈해 하며 버리는 게 연례 행사다. 일기라고는 선생님이 검사하는 초등학교 시절에 쓴 게 전부이던 나는 아이슬란드로 여행을 다녀온 뒤 기록의 중요성을 깨달았다.

내 첫 해외여행지였던 아이슬란드는 매우 강렬한 인상으로 남았다. 지구가 아닌 듯한 낯선 풍경과 압도당할 정도로 거대한 자연에 매혹되었다. 살면서 이만큼 가치 있던 날이 있었을까 싶은 순간들을 즐기느라 여념이 없었다. 문제는 그 느낌을 기록할 여념도 없었다는 것이다. 여행 사진을 보며 그때의 추억을 되살릴 순 있지만 내가 아이슬란드의 어떤 것에서 어떤 느낌을 받고 어떤 생각을 했는지 그 진한 감흥은 되살릴 수 없다. 그저 즐거웠고, 행복했고, 기뻤다는 느낌만 막연하게 남았다. 사람의 기억에는 한계가 있어 여행의 모든 추억을 재생할 수 없다. 아주 강렬한 느낌을 받았던 일들은 머릿속에 꽤 오랫동안 유지되지만, 소소한 즐거움은 그 느낌뿐만 아니라 기억조차 사라지기도 한다. 여행은 어렵고 힘들었던 일조차 추억으로 남게 한다. 그런데 즐겁고 행복했던 기억을 잃는 건 정말 애석한 일이다. 여행자는 그 누구도 아닌 본인을 위해 여행을 기록해야 한다.

여행 일기는 여행에서 일어난 일을 추억하는 데 큰 도움이 될 뿐만 아니라 여행 중인 여행자를 돕기도 한다. 여행에서는 즐거운 일만 일어나지 않는다. 수많은 사건 사고를 홀로 겪어내는 혼행러는 조금씩 지쳐간다. 지인이나 가족들에게 고달픔을 호소하며 위로를 받거나, 동행자에게 공감을 받는 일은 여행자에게 많은 도움이 된다. 그렇지만 가까운 사람들과 비슷한 입장에 있는 사람들에게 기운을 얻는 것은 한계가 있다. 누군가에게 위로를 얻는다 해도 상처 입은 내면을 평온하게 만들 수 있는 사람은 결국 자기 자신이다.

하루를 마무리하기 전, 그날 아침부터 밤까지 있던 일을 기억나는 대로 적어보자. 힘들고 어려웠던 일이 있었다면 그것을 중점적으로 적어야 한다. 그 일을 떠올렸을 때 자연스럽게 따라오는 것을 그대로 적자. 우리의 생각은 머릿속에서 너무 빠르게 스쳐 지나간다. 당신이 받았던 느낌과 생각, 감정을 적어가며 그것을 눈으로 직접 확인해보는 과정이 필요하다. 다 쓴 후에는 본인이 느끼고 생각했던 것을 있는 그대로 인정하고 받아들여라. 어떤 감정은 이렇게 인식하고 받아들이는 것만으로도 정리가 된다.

만약 이 과정으로도 마음이 편해지지 않는 일이 있었다면 더 깊숙한 내면으로 들어가보자. 부정적 감정을 다 쏟아내고 욕설을 써도 상관없다. 어차피 당신만 보는 것이니까. 안심하고 떠오르는 모든 것을 쓰자. 속이 시원하게 풀릴 때까지 적고 난 뒤 심호흡을 하거나, 샤워를 하거나, 잠깐 숙소 앞으로 나가 바깥 공기를 쐬면서 격앙된 감정을 식히자.

마음에 안정이 찾아오고 생각과 감정이 조금 환기됐는가? 그렇다면 당신이 적은 것들을 객관적이고 이성적이며 합리적인 관점에서 바라볼 시간이다. 당신이 적었던 내용 중 부정적 프레임과 비합리적 사고에 줄을 쳐가며 확인해보라. 이렇게까지 생각할 일은 아닌데 하는 마음이 들 것이다. 그다음 이렇게 줄 친 내용을 긍정적이고 합리적인 생각으로 바꾸어보자. 모든 것을 완벽하게 바꿀 필요는 없다. 합리적, 긍정적 방향으로 바꿀 수 있을 듯한 생각만 바꾸면 된다. 이 과정을 거치고 나면 마음이 차분해지고 여유를 되찾게 될 것이다. 이렇게까지 분노할 일은 아니었음을 받아들이게 되는 것이다.

여행 일기는 어떤 이야기도 다 들어주는 좋은 여행 메이트다.

여행자는 일기를 쓰면서 쌓아뒀던 감정을 속 시원히 풀고 마음의 평화를 찾을 수 있다. 일기 쓰기를 진득하게 해보면 아마 여행이 끝난 뒤 과거의 자신에게 매우 감사하게 될 것이다.

CHAPTER 5

여행 중

둘. —— 여행은 계획대로만 되지 않는구나!

날씨나 몸 상태가 좋지 않을 때는 어떡하지?

시차 적응이 안 됐는지 몸이 찌뿌듯하고 무겁다. 물갈이까지 하는 건지 배도 아픈 데다가, 설상가상 피부에 뭐가 돋기 시작한다. 여기저기 구경하느라 평소보다 많이 걸었더니 무릎이나 발목에 무리가 온 걸까? 어제는 그냥 잠깐 아픈 거겠지 했는데 아침에 일어나 보니 좀 부은 것 같기도 하고 통증이 심해졌다. 엎친 데 덮친 격으로 날씨가 흐리고 비까지 내린다. 이러려고 비행기를 몇 시간씩이나 타고 여기 온 게 아닌데. 몸도 날씨도 도와주지 않으니 속상하고 짜증 난다. 이렇게 날씨나 몸 상태가 안 좋을 땐 어떡하지?

오늘 일정은 날리는 건가

여행지에서 마냥 기분 좋은 일만 일어나는 건 아니다. 나쁜 일은 의도치 않은 실수로 일어나거나, 우리가 통제할 수 없는 곳에서 일어나기도 한다. 여행 첫날부터 곤란을 겪을 수도 있다. 바로 우리 마음대로 어찌할 수 없는 시차 증후군이다. '시차 적응이 뭐 얼마나 힘들겠어?' 하겠지만 개인에 따라 정말 고생할 수 있다. 시험 전날 밤새 공부하거나 철야 근무를 해본 적 있는가? 그게 아니면 친구들과 밤새 놀아본 적은? 평소 밤에 자고 낮에 깨어 있는 생활을 하던 사람이 24시간 깨어 있다면 굉장히 피로해진다. 무얼 하려 해도 집중이 되지 않고 머리가 아프고 눈만 감으면 하루 종일이라도 잘 수 있을 듯할 것이다. 내 몸이지만 내 몸을 통제할 수 없는 그 상태가 시차 증후군과 비슷하다.

지금 당신의 눈앞에 고대했던 풍경이 펼쳐져 있다고 하자. 그런데 눈을 제대로 뜰 수 없을 만큼 피곤하다면 즐길 수 있을까? 컨디션이 좋을 때와 그렇지 않을 때 어떤 대상을 보고 느끼는 감흥은 확연히 다르다. 시차 부적응은 여행자의 신체 상태뿐만 아니라 여행자의 심리 상태도 좌우한다. 시간과 돈을 들여 여행 왔는데 시차 때문에 즐기지 못하고 있다는 생각이 들면 그때부터 괴로워진다.

여행 초반에 여행자를 괴롭게 만드는 또 다른 문제는 물갈이다. 매우 민감한 사람이라면 종종 국내여행에서도 물갈이를 한다. 물갈이를 하면 보통 피부에 트러블이 올라오거나 복통이나 구토, 설사로 고생한다. 특히 얼굴에 트러블이 생기면 스트레스가 극에 달하고 사진을 찍기도 불편해 당장 집에 돌아가고 싶은 심정이 된다. 구토나 설사까지 하게 되면 음식을 제대로 먹지 못하니 체력과 정신력이 순식간에 하락한다.

의도치 않게 일어나는 부상도 문제다. 종일 돌아다니며 업무를 처리하는 직종이 아니라면 일상생활에서 하루 1만 보 이상 걷기란 쉬운 일이 아니다. 그런데 여행지에서는 여기저기 돌아다니느라 꽤 많이 걷게 된다. 1만 보는 물론 2만 보, 3만 보 이상 걷는 여행자도 많다. 알차게 구석구석 다니는 건 좋지만 평소 많이 걷지 않는 사람이라면 몸에 무리가 간다. 실제로 너무 많이 걸은 탓에 관절통을 겪는 여행자가 많은데 특히 발목과 무릎을 다치는 경우가 흔하다.

마지막은 여행자가 절대 바꿀 수 없는 날씨가 문제다. 여행자는 직접 여행지에 가기 전까지 사진으로 여행지를 접한다. 인터넷에서 본 사진들은 맑고 화창한 날씨와 보정의 컬레버레이션으로 만들어진 게 대부분이다. 아름다운 사진만 본 여행자는 본인도 그 풍경을 보게 될 거라 믿는다. 하지만 여행지의 날씨가 흐리거나 비가 온다면 예상과 다르니 실망할 수밖에 없다. 실제로 여행 커뮤니티에서는 날씨가 좋지 않아 속상했다는 푸념을 자주 볼 수 있다. 본인이 여행지에 있을 시기의 날씨 예보를 확인한 뒤 미리 고통받는 사람도 종종 있다.

여행에서는 전혀 예상치 못한 상황이 벌어져 계획에 차질이 생긴다. 여행 전 '이 날은 여기서 이걸 보고 저기선 그걸 해야지'라고 결연한 의지를 다졌던 여행자는 어그러진 계획에 화가 난다. 의욕을 따라주지 않는 몸 때문에 속상하고, 온종일 비가 추적추적 내리는 날씨에 괜히 억울해진다. 또 몸이 아프기라도 하면 해외까지 와서 혼자 아픈 것이 우울하고 짜증 날 것이다. 그러나 1장에서 이야기했듯 내 힘으로 할 수 없는 일에 매달리는 건 아무런 이득이 없다. 어떻게 해도 상황은 나아지지 않고 더 큰 스트레스만 받는다. 이럴 때는 잠시 모든 잡념을 접어두고 편안히 심호흡하며 부정적인 생각으로 뒤덮인 머릿속을 잠잠히 가라앉히자. 당신을 둘러싼 부정적 감정에서 빠져나와야 합리적인 대처 방법을 찾을 수 있다. 소를 잃었어도 외양간을 고쳐놓으면 새로 들인 소를 안전히 지킬 수 있다.

소를 잃었어도 외양간은 고쳐야 한다

무모해 보이겠지만 가장 효과적인 시차 적응 방법은 버티는 것이다. 실제로 항공기 승무원들이 제일 추천하는 시차 적응 방법이기도 하다. 시차 적응이란 본래 살던 시간과 공간에 익숙해진 생체 시계를 새로운 시공간에 맞추는 것이다.

여행지와의 시차가 대여섯 시간 이상이며 현지 도착 시간이 오전이라면 잠이 오지 않아도 비행기에서 잠을 청해보자. 현지는 쨍쨍한 낮이라도 우리 생체 시계는 밤이기 때문이다. 오랜 비행과 시차 부적응 때문에 피로해도 도착하자마자 잠을 자선 안 된다. 시차 적응에 오래 걸려 여행 초반 불필요하게 체력을 소모하게 된다. 비행기에서 잠들 자신이 없다면 전날 밤잠을 최대한 적게 자고 비행기에 타거나, 비행기에서 탄수화물을 많이 섭취한 뒤 잠을 청해도 좋다. 현지 도착 시간이 밤이라면 비행기 안에서 졸리더라도 깨 있어야 한다. 출발 전날 잠을 오래 자두는 게 좋다. 정 졸음을 참을 수 없다면 이륙 직후 짧게 자고 일어나라. 또 탄수화물을 적게 섭취하고 카페인 음료를 마시는 것도 도움이 된다.

비행기에서 시차 적응 방법을 실행하지 못하면 그 영향을 직격타로 맞는다. 사후 처방 역시 버티는 방법밖에 없다. 아무리 졸려도 낮에는 돌아다니고 밤에는 아무리 눈이 말똥말똥해도 잠을 청해야 한다. 일단 낮엔 숙소에서 나가야 한다. 최대한 밖에서 활동하려고 애쓰되 이러다 길바닥에 쓰러지겠다 싶을 때 숙소로 향하자. 단, 낮잠은 서너 시간을 넘기지 마라. 또 탄수화물을 많이 섭취하면 졸음이 오니 식사는 가볍게 하자. 잠이 정 오지 않으면 차라리 밤을 새라. 여행 일정과 가계부를 점검하고 가이드북에서 놓친 부분을 보며 밤을 지새운 뒤 다음날 초저녁까지 버티자. 만약 낮에 잠든다면 처음부터 다시 시작해야 한다.

다음은 물갈이 대처 방법이다. 피부가 뒤집어졌다면 가급적 만지지 않도록 하고 긁지 말자. 길거리 음식과 익히지 않은 음식은 되도록 피하고 깨끗한 식당에서 식사하는 것이 좋다. 또 깨끗한 생수로 환부를 씻으면 하루 이틀 뒤 좋아질 수 있다. 며칠이 지나도 좋아지지 않거나 더 심해진다면 약국이나 병원에 가보자. 설사병에 걸렸다면 한국에서 가져온 지사제를 복용하는 것이 가장 좋다. 현지 약은 저렴하지 않은 경우가 많고 우리 몸에 제대로 듣지 않을 확률도 높다. 배앓이 중에는 유제품 섭취를 자제하고 한국에서 가져온 즉석밥을 먹거나, 한식당을 찾아 부드럽고 간이 약한 음식을 먹도록 하자. 중간중간 생수나 이온 음료로 수분을 보충하는 것도 잊지 말 것.

다음은 의도치 않은 부상에 대처하는 방법이다. 먼저 갑작스러운 통증이나 부종은 냉찜질, 만성적인 근육 뭉침에는 온찜질을 해야 한다. 찜질 팩을 들고 가는 건 다소 부담스러우니 필요한 때에 만들어 사용하는 게 편하다. 밀봉이 되는 봉투에 뜨거운 물이나 얼음을 담아 묶은 후 지퍼 백에 넣고 얇은 수건을 둘러 찜질하라. 온찜질은 큰 배낭을 메고 다니느라 어깨 통증에 시달리는 여행자에게 도움이 된다. 또 단순히 무리해서 통증이나 붓기가 생겼다면 반나절에서 하루 정도는 충분히 쉬며 냉찜질하라. 보통 며칠 이내로 호전되지만 통증이 사흘 이상 가거나 나아지는 기미가 없다면 현지 병원에 가는 게 좋다. 여행 자금이 부족해서, 혹은 번거로워서 진료를 미루면 만성 질환이 될 수 있다.

마지막은 날씨 문제다. 한 도시에 오래 머문다면 그 기간 동안의 날씨 예보를 확인하자. 흐리거나 비 오는 날은 실내 일정으로 수정해 여행 효율을 높이자. 그러나 머무는 내내 궂은 날씨만 계속될 수 있다. 날씨를 바꿀 수 없는 상황에서 맑은 날씨만 바라면 스트레스가 심해진다. 이때는 피할 수 없으면 즐겨야 한다는 말처럼 생각을 전환하는 게 필요하다. 먼저 당신이 여행지에 가졌던 프레임을 살펴보라. 날씨가 맑아야만 여행을 즐길 수 있을 거라 생각했는가? 여행을 준비할 때 당신이 가졌던 기대를 다시금 떠올려보자. 지금 있는 그곳은 당신이 오매불망 바라고 꿈꿨던 여행지다. 또 지금은 당신의 인생에 단 한 번뿐인 순간이다. 그 여행지에 언제 다시 올지 모른다. 당신이 흐리고 비 오는 그 도시를 즐길 날이 또 언제 오겠는가. 흐린 날씨만이 선사하는 특유의 분위기가 있다. 궂은 날씨 가운데서도 보물 같은 에피소드를 발견할 수 있다.

흐리고 비 오는 날씨를 떠올리는 것조차 싫은 사람도 있을 것이다. 유독 좋은 날씨를 선호하는 사람은 생각을 바꿀 의지 자체가 생기지 않을 수 있다. 또 야외 활동을 하기에는 몸 상태가 몹시 좋지 않을 수 있고, 천재지변이나 테러 및 시위 등으로 예정된 장소에 못 갈 수도 있다. 어떤 것도 즐길 수 없는 상황에서 생각의 전환마저 답을 주지 못한다면 그냥 피해도 괜찮다. 그 안에서 즐길 수 있는 것은 또 나타나기 마련이다.

즐길 수 없다면 피하자

당신은 집에서 나가기 싫거나 나갈 수 없는 상황에서 무엇을 즐기는가? 무언가 만들기 좋아하는 사람은 취미 생활을 즐긴다. 영상을 좋아하는 사람은 영화나 애니메이션, 드라마, 예능 같은 프로그램을 몰아 본다. 또 어떤 사람은 좋아하는 책을 읽거나 미뤄놓은 일을 처리하며 시간을 보낸다. 해외여행 중 밖에 나가지 못하는 상황에 처했다면 본인이 평소 시간을 보내는 방법을 그곳에서도 즐겨보자. 어쩌면 '내가 집에서 하던 거나 하자고 비싼 돈 들여 여기까지 왔나' 싶을지도 모르겠다. 이때는 당신의 취향과 취미를 '여행지에서만 경험할 수 있는 일'과 '여행을 좀 더 풍요롭게 하는 경험'이라는 취지에 맞게 다듬어 실행해야 한다.

먼저 취미 생활을 하는 경우를 보자. 평소 만들기를 좋아하거나, 좋아하지만 기회나 시간이 부족했던 이들이 있을 것이다. 여행지에는 공예 취미를 가진 여행자들의 마음을 저격하는 다양한 원데이 클래스가 있다. 팔찌, 반지, 귀걸이, 목걸이 등을 만드는 수공예를 비롯해 가방이나 지갑을 만드는 가죽 공예, 도자기 공예 등 나라별 전통 수공예 클래스는 많은 여행자에게 인기다. 또한 일러스트나 수채화, 드로잉 같은 그리기 코칭을 받을 수 있는 미술 클래스, 현지인이 즐겨 먹는 대표 음식을 만들어보는 쿠킹 클래스도 인기가 많다. 그 나라의 고유한 전통 무예나 무용, 운동을 배우며 몸을 움직이는 클래스도 있으니 본인의 여행지에서 체험할 수 있는 다양한 클래스를 찾아보자. 에어비앤비에서 원데이 클래스나 액티비티 등 다양한 활동을 찾고 예약할 수 있도 있다. 또 호텔이나 호스텔에서 자체적으로 운영하는 클래스가 있을 수 있으니 숙소에 비치된 안내책자에서 다양한 현지 액티비티를 찾아보자. 현지어나 영어 소통이 어려워 꺼려질 수 있지만 용기를 내 시도하면 여행을 보다 풍부하고 즐거운 경험으로 채우게 된다.

몸 상태나 날씨가 좋지 않아 도저히 야외 활동을 하지 못할 경우도 있다. 이때는 본인이 갈 여행지와 관련된 영화나 애니메이션, 드라마, 다큐멘터리를 시청해보자. 그러한 영상물을 보는 것만으로도 여행지에 대한 감흥이 더욱 특별해진다.

마지막은 관광지에 구애받지 않고 여행지 자체를 여유롭게 즐기는 것이다. 아침 일찍 일어나 일정을 소화해야 한다는 부담감은 버려라. 알람 없이 눈 떠진 시각에 느지막이 일어나자. 멀리 갈 것 없이 숙소 인근 맘에 드는 식당에서 브런치를 즐기고 현지인들이 가는 골목 빵집이나 샌드위치 가게에서 끼니를 때워보자. 식사 후에는 쇼핑몰이나 마트를 느긋하게 걸으며 아이쇼핑을 즐기자. 마음에 드는 소품과 기념품, 현지 감성 물씬 나는 엽서를 사 한국에 있는 지인에게 선물하면 좋다.

그러다 피곤해지면 맘에 드는 카페에 들어가 휴식 시간을 갖자. 맛있는 음료와 디저트를 먹으며 사진과 가계부를 정리하고 아까 산 엽서에 끼적이면 마음에 여유가 생긴다. 숙소로 들어가는 길에는 우표를 사서 엽서를 부쳐보면 어떨까. 호스텔에 묵는다면 현지 슈퍼에서 장 보고 음식을 해먹어도 좋다. 한인 마트가 근처에 있다면 나만의 한식을 만들어 먹는 것도 특별한 경험이 된다. 외국인 투숙객에게 직접 만든 요리를 권하며 이야기를 나눠볼 수도 있고 말이다.

근사한 식당에 가보는 것도 색다른 날을 만드는 방법이다. 맛있는 음식은 어그러진 일정 때문에 속상한 여행자의 마음을 위로해준다. 여행 가이드북이나 블로그에서 추천하는 유명 맛집을 찾아가는 것도 좋지만, 한 번쯤은 그냥 걷다가 눈에 띈 식당에 들러보자. 훗날 그 도시 하면 떠오를 정도로 맛있는 음식을 먹게 될 수도 있다. 또 이게 대체 무슨 맛인가 싶어 헛웃음이 나올 만큼 이상한 음식을 먹게 되더라도 그 또한 재미있는 추억이 될 것이다. 소설가 김영하는 《여행의 이유》에서 해외에서의 음식 주문 실패에 대해 이야기한다. '인상적인 실패 경험에 대해 두고두고 이야기하게 될 것'이라고.

당신의 머릿속에 '무엇'이 아니면 여행의 의미가 없다는 프레임이 있는가? 그렇다면 그 무엇을 경험하지 못했을 때 여행을 정말 망친 것처럼 느끼게 된다. 날카로워진 신경을 조금 말랑하게 만들어보자. 세웠던 계획을 모두 다 실행할 필요는 없다. 특별한 관광지에 가고, 특별한 경험을 해야만 완벽한 여행이 되는 게 아니다. 여행지에서 잠만 자고 빵 하나만 먹었는가? 그래도 그 낯선 곳에서 경험한 일이다. 당신이 그토록 바라고 기대했던 여행지에 있는 순간 자체를 의미 있게 받아들여라. 분명 마음이 조금 더 유연해질 것이다.

내가 만약 외로울 때면

무엇이든 내 맘대로 할 수 있어 편한 혼행. 그런데 문제가 하나 있다. 좀 쓸쓸하다. 여행 중반쯤 되면 마음이 적적하고 가슴 한구석이 휑하니 외로운 듯하다. 어려운 일을 겪으면 옆에서 위로해 주는 사람이 없으니 더 서럽고, 힘들었던 일을 한국어로 편하게 대화할 사람이 없어서 아쉽다. 한국에 있는 친구나 가족들과 자주 전화해도 외로움이 가시지 않는다. 한국어로 온종일 떠들던 날이 까마득하니 입안에 거미줄 친 기분이 이런 걸까 싶고, 어떤 날엔 한마디도 하지 않은 듯한 착각마저 든다. 친구나 가족끼리 여행 다니는 무리를 보면 '나도 다음에는 사랑하는 사람들과 같이 와야지'라는 생각에 부럽다. 하하 호호 즐겁게 웃으며 이야기하는 사람들을 보면 내 처지가 너무 처량하다. 나도 신나게 웃으며 편하게 이야기하고 싶다. 이렇게 외롭고 고독할 땐 어떡하지?

누군가와 여행해본 경험이 있다면 타인과 함께하는 여행이 얼마나 힘든지 알 것이다. 여행 전에는 서로의 취향과 의견을 조율하며 어딜 가고, 어떤 명소를 볼 것이며, 무얼 먹을지, 어느 숙소에서 머물지 등을 결정한다. 여행 중에도 의견 조율은 계속된다. 여기서 얼마나 머물지, 음식점에서는 요리를 몇 개나 시킬지, 숙소에서 누가 먼저 씻을지 등을 정해야 한다. 이 과정이 트러블 하나 없이 순탄하게 넘어가면 좋겠지만 그렇게 천생연분인 여행 메이트는 별로 없다. 같이 여행을 갔다가 인연을 끊었다는 사람들이 있을 정도니까.

그에 비해 혼행은 타인 때문에 불편할 일이 적다. 의견을 맞출 상대가 없으니 어디서 무얼 하든 내 취향, 내 마음, 내 기분대로 선택할 수 있다. 내가 원하는 관광지나 풍경을 즐기고 싶은 만큼 즐기고, 내 관심과 흥미가 동하는 상점이 있으면 질릴 때까지 둘러볼 수 있다. 배가 고프면 음식점에 들어가 식사하며 휴식을 취하고, 지금 당장 돌아다니는 게 좋다면 가벼운 길거리 음식으로 허기를 채우며 일정을 마음대로 조정할 수 있다. 혼행에서는 다른 누구의 의사도 아닌 내 기분 하나만 따라도 즐거운 일이 일어난다.

그런데 자유롭고 편한 혼행에서 행복감만 느끼는 건 아니다. 때로는 외로움, 고독감, 적적함, 쓸쓸함이 찾아오기도 한다. 이 감정은 주로 여행 중반부터 시작된다. 여행 초반에는 눈앞에 가득한 아름답고 멋진 풍경을 즐기느라 적적함을 느낄 겨를이 없다. 여행에 푹 빠져버린 나머지 지인이나 가족들과 연락할 생각도 잊고 지금 이 순간을 즐기기에 여념이 없는 것이다. 그러다가 한 주, 두 주 지날수록 외로움이 고개를 내민다. 예기치 못하게 어려운 일을 겪으면 고독감은 더욱 커진다. 본인의 잘못으로 벌어졌다면 자기혐오에 빠지고, 타인의 악의로 벌어졌다면 분노와 울화가 치밀어 마음을 진정하기 어려워진다. 사람들이 누구랑 같이 가라고 할 때 말 들을걸, 누가 같이 가자고 했을 때 그러자고 할걸 왜 혼자 와서 몹쓸 일을 겪나 하며 부정적 감정과 싸운다. 문득 힘들어하는 내 등을 쓸어줄 사람이 한 명도 없다는 사실을 깨닫는다. 이때만큼 외로운 순간이 또 없다.

행복한 표정으로 함께 있는 사람들을 볼 때면 외로움은 더욱 사무친다. 세계적으로 유명한 행사나 축제에는 가족 단위 여행자와 현지인이 많다. 혼행러는 하하 호호 웃으며 즐거운 시간을 보내는 군중 속에서 쓸쓸함을 느낀다. 여행 초반이라면 '나도 다음엔 가족이랑 친구들이랑 와야지'라며 즐겁게 다짐할 수 있다. 그러나 여행하며 이런저런 험한 일을 겪은 뒤에는 쓸쓸한 감정만 커진다. 지금 이 순간이 즐겁지 않은 건 아니지만 누군가와 함께 즐거운 감정을 공유하고 싶어진다. 나는 언제 저렇게 사람들이랑 웃으며 이야기했더라 하는 생각에 쓸쓸함과 아쉬움이 느껴진다. 게다가 외국어 소통이 어려운 상태라면 하고 싶은 이야기를 나누지 못할 때가 많다. 누군가와 함께하고 싶어도 낯선 이에게 먼저 말 걸 용기가 나지 않을 수 있고, 혹시 이상한 사람이면 어떡하지 하는 걱정에 선뜻 다가서지 못할 수도 있다. 그래도 괜찮다. 외로움은 꼭 누군가가 있어야만 해결되는 게 아니다. 쓸쓸함이나 고독감 같은 감정은 본인의 마음을 잘 살피고 돌봐주면 충분히 이겨낼 수 있다.

혼자서도 잘해요

무엇보다 먼저 할 일은 본인의 마음을 다독이는 것이다. 보통 외로움, 고독감, 쓸쓸함 같은 감정들은 부정적 감정으로 치부된다. '이런 감정은 나약하다'는 프레임이 발동돼 다뤄질 기회조차 얻지 못하고 소외되기도 한다. 외롭다는 생각이 들었다면 그를 있는 그대로 인정하고 품어야 한다. 다른 부정적인 생각 및 감정들과 얽히고설켜 더욱 우울해지거나, 쌓이고 쌓여 뻥 터져버릴 수 있기 때문이다. 만약 고독감을 인정하고 싶지 않다면 이성적으로 접근하자. 당신은 지금 이곳에 다른 누구와 같이 온 게 아니라 혼자 왔다. 혼자 다니고, 혼자 먹고, 혼자 자고 있다. 외로움이나 고독감을 충분히 느낄 만한 상황이다. 원래 나약하거나 무력한 사람이 전혀 아니라는 것이다.

스스로 외로움을 받아들이고 마음을 가라앉히면 본인의 감정을 컨트롤할 수 있게 된다. 당신이 지금까지 여행하며 느꼈던 긍정적인 감정들을 떠올려보라. 어떤 장소, 어떤 상황, 정말 사소하고 단순한 일도 상관없다. 대중교통을 제대로 탑승해 목적지에 정확히 도착한 일도 좋고, 별생각 없이 들어간 기념품 가게에서 마음에 쏙 드는 기념품을 산 일도 좋고, 어떤 정보도 없이 그냥 들어간 음식점의 요리가 정말 훌륭해서 신났던 일도 좋다. 머릿속에 마냥 늘어놓기보다 눈으로 확인할 수 있게 공책에 적자. 당신이 행복했던 순간을 적어 놓고 보면 생각보다 꽤 많을 것이다. 긍정적인 감정을 느꼈던 기억을 되살리는 과정에서 '이때 정말 행복했지, 이 일은 정말 즐거웠어' 라며 충만한 행복감도 재경험하게 된다.

긍정적 경험을 모두 적었다면 외로움, 고독감, 쓸쓸함을 느꼈던 일도 적어보자. 아마 행복했던 일에 비해 턱없이 적을 것이다. 사람은 현재 갖고 있는 것보다 본인에게 결핍된 것, 위협적인 것에 초점을 맞춘다. 아무리 행복하고 즐거운 일을 많이 겪었더라도 지금 당장 어렵고 힘든 일을 마주하면 그것에 골몰한다. 당신은 잠깐 부정적 감정에 빠졌지만 그 감정에 빠져 있기엔 행복한 일을 너무 많이 겪었다. 이성적으로 살펴보면 부정적 감정의 농도가 처음보다 옅어졌음을 깨닫게 될 것이다. 즐겁고 행복했던 일을 떠올리는 과정에서 당신이 느끼는 감정의 초점이 긍정적인 감정으로 옮겨진다. 내면의 감정을 온전히 직면해 정리하면 마음이 한결 편해진다.

물론 이런 방식으로는 외로움을 완전히 해결할 수 없다. 우리가 혼자 있는 상황 자체는 변하지 않았기 때문이다. 우울함에서 다소 벗어났다면 우리가 처한 환경 또한 즐겁고 긍정적인 방향으로 조성해야 한다. 축 처진 기분을 극복하는 가장 효과적인 방법은 무엇일까? 바로 우리가 기분 전환을 위해 즐겼던 일을 그대로 실행하는 것이다. 사람마다 외롭거나 쓸쓸한 감정을 극복하는 방법이 다르다. 좋아하는 노래를 크게 틀어놓고 따라 부르기도 하고 음악을 감상하며 산책하기도 한다. 좋아하는 음식을 먹으면서 재미있는 영화를 보거나 밖에 나가 쇼핑을 하기도 한다. 만약 도미토리에서 숙박 중인데 노래를 부르고 싶다면 경치 좋은 공원이나 강변에 앉아 흥얼거리면 된다. 물론 인적 드문 밤에 이어폰을 끼고 산책하는 행동은 다소 위험하다는 건 기억하자.

슈퍼에서 다양한 현지 식품을 사 먹는 건 어떨까. 취향에 꼭 맞는 식품을 찾으면 소소한 추억이 하나 늘어난다. 현지의 '○○ 슈퍼/마트에서 꼭 먹어봐야 할'이라는 문장을 검색해도 좋다. 한국인 입맛에 꼭 맞는 식품을 쉽게 찾을 수 있다. 이렇게 맛있는 음식을 찾았다면 평소 좋아하는 애니메이션이나 예능과 함께 즐겨보자. 영상을 보며 신나게 웃고 나면 답답했던 속이 개운해질 것이다.

외로움이나 고독감은 본인의 마음을 잘 살피고 돌봐주면 해소된다. 혼자 있기를 매우 즐기는 여행자나, 여행 기간이 짧은 혼행러는 혼자만의 즐거움을 찾는 게 수월하다. 한편 타인과 함께하고 싶어도 여러 가지가 두려워 혼자 참는 이들도 있을 것이다. 그렇게 참고 버티다가 한순간에 감정이 폭발하면 여행에 대한 의지를 잃을 수 있다. 여행 초반 혼자 있기 원하는 본인의 마음을 충족시켰다면, 이제는 다른 사람과 함께 있기 원하는 마음도 충족시켜야 한다. 다른 사람과 함께 여행할 기회를 만드는 방법은 매우 다양하다. 용기 내서 먼저 말을 거는 과정이 어려울 뿐. 그러나 아무것도 하지 않으면 아무 일도 일어나지 않는다. 더도 말고 딱 한마디만 용기 내보자. 타인과 함께하면 혼행과는 차원이 다른 기쁨을 경험하게 된다.

단 한 번의 용기

여행 중 한국인 동행을 제일 쉽게 만드는 방법은 한인 민박에 묵는 것이다. 어쨌거나 같은 한국인이더라도 모르는 사람에게 먼저 대화를 시도하는 일이 쉽지 않다. 그래도 누군가와 동행하고 싶다면 용기를 내야 한다. 큰맘 먹고 혼자 떠나기로 했던 그 용기를 다시 한 번 꺼내 딱 한마디만 해보자. 누구에게든 먼저 말 붙이는 경험을 한 번이라도 하면 다음에는 말 걸기가 한층 쉬워진다. 그렇다면 어디에서 누구에게 어떻게 말을 건네야 성사율이 높은지 알아보자.

첫 번째 방법은 여행 커뮤니티를 이용하는 것이다. 여행 커뮤니티 대부분에는 동행자를 구하는 게시판이 있다. 전체 일정이나 부분 일정 동행자를 구하는 여행자도 있고, 어떤 도시에서의 전체 일정을 함께하거나 식사 및 야경 감상을 함께하길 원하는 여행자도 많다. 본인이 원하는 일정과 일치하는 글이 없다면 직접 글을 올려도 좋다. 온라인상이라 상대의 신원을 파악하기 어려워 조바심이 날 수 있다. 너무 겁내지는 말자. 좋은 동행자를 만나 여행 이후 한국에서 만남을 이어가는 경우도 많다.

다음은 오프라인에서 동행자를 구하는 방법이다. 가장 쉽게 말을 붙일 수 있는 대상은 관광지에서 사진을 찍으려 하는 혼행러 또는 둘 이상의 여행자다. 한두 명 정도의 여행자는 사진을 찍을 때 셀카봉을 사용하는 경우가 대부분인데 셀카봉은 전체적인 풍경을 담기가 어렵다. 혹시 사진을 찍어줄 사람이 없을까 고민하며 둘러보고 있는 이에게 먼저 다가가 "혹시 한국인이세요? 저 사진 좀 찍어주실래요? 저도 찍어드릴게요." 하면 매우 반가워할 것이다. 이후 기분 좋게 대화를 이어나가면 된다.

만약 본인이 먼저 말 건네기가 싫다면 근처를 서성여보라. 먼저 한국인임을 알아보고 사진을 부탁하는 사람도 많다. 서로 사진을 찍어주면서 자연스럽게 대화를 트게 된다. 말을 거는 게 실례가 되진 않을까 싶어서 고민할 수 있다. 그러나 용기 내서 먼저 이야기를 시작하면 아마 상대방도 기다렸다는 듯 대화를 받아줄 것이다. 물론 카메라를 돌려받자마자 인사를 건네며 돌아서는 사람은 붙잡지 말고 쿨하게 보내주자.

어쨌든 이야기를 나누게 되면 "혼자 오셨냐, 언제 오셨냐, 어디 어디 여행하시냐, 언제 돌아가시냐" 등의 대화를 나누게 된다. 이때 상대가 먼저 동행을 제안할 수 있다. 또 당신이 먼저 동행을 제안해도 좋을지 염려될 수 있다. 전자는 쌍수 들고 반기며 함께 나서면 그만이지만, 상대가 과연 동행을 원하는지 알 수 없는 경우에는 일단 한 번 말해보는 수밖에 없다. 그 역시 동행할 마음이 있다면 바로 수락할 것이다. 하지만 상대가 동행을 거절해도 상심하지 말자. 당신을 거절한 게 아니라 낯선 사람과 함께 여행하는 상황을 거절한 것이다. 혼자 다니는 게 더 편하고 즐거워서 거절하는 사람도 많다.

숙소에서 이야기를 나누다 동행할 수도 있다. 가끔 로컬 숙소에서 한국인 여행자를 만날 때가 있다. 대체로 한국어 후기가 많은 숙소에서 한국인 여행자를 만날 확률이 높다. 하지만 대뜸 한국어로 말을 걸었다가 민망해질 수 있으니 명확한 증거가 있을 때만 말을 걸자. 긴가민가하면 일단 현지어로 가볍게 인사한 뒤 국적을 물어보라. 한국 사람이 맞다면 반갑게 이야기하면 된다. 물론 상대가 대화를 원치 않는 듯하면 즐거운 여행을 기원하며 대화를 가볍게 끝내자. 상대도 대화를 더 나누고 싶어 하는 기색이면 함께 차를 마시며 이야기해보자. 가까운 상점에서 음식을 사와 이야기해도 좋다. 대화가 잘 맞거나 좋은 느낌을 받으면 자연스럽게 다음 일정이나 식사를 함께하게 될 것이다.

마지막은 외국인 동행자를 만드는 방법이다. 외국인들은 생전 처음 보는 사람에게도 눈만 마주치면 먼저 인사하는 경우가 많아 대화의 물꼬를 트기 쉽다. 하지만 인사를 했다고 무조건 대화 의도가 있는 것은 아니다. 외국인들이 눈이 마주쳤을 때 인사하는 건 다양한 이유가 있다. 눈이 마주쳤는데 그냥 지나가는 건 무례하다고 생각하는 이유도 있고, 낯선 사람과 눈이 마주쳤을 때 생기는 어색함을 없애려고 친절하게 인사하기도 한다. 또 본인이 위험한 사람이 아님을 알리기 위해 인사하는 경우도 있다. 특히 지나다니는 사람이 별로 없는 길이나 이른 아침 또는 늦은 밤에 인사하는 경우는 대체로 위의 목적이므로 당신도 인사만 하고 지나가면 된다. 외국인의 문화적 특성 덕분에 관광지나 길거리에서 사진을 찍어주다가, 음식점에서 합석하다가, 숙소의 공용 공간에서 가볍게 이야기를 나누다가 동행할 수 있다.

현지어 실력이 미숙해 대화 시도조차 꺼려지는 이들도 있을 테지만 부담은 조금 내려놔도 괜찮다. 우리와 대화하고 싶어 하는 외국인은 우리가 영어를 못해도 크게 신경 쓰지 않는다. 한국인 대부분은 영어를 못하면 부끄럽게 여기는 경향이 있다. 그러나 외국인들은 자국어가 아니므로 영어가 서툰 게 당연하다고 여긴다. 오히려 배려하고 기다려주는 사람도 많으니 번역기를 사용해가며 천천히 이야기해보자. 좋은 인연이 되면 SNS나 메일로 연락을 주고받을 수 있고 서로의 나라로 여행 갔을 때 가이드가 돼주며 즐거운 추억을 만들 수 있다. 또 현지인과 친해졌다면 식사에 초대받는 행운까지 누릴 수 있다.

혼행의 색다른 묘미 중 하나는 낯선 사람과 친해지는 경험이다. 낯선 이와의 대화 시도는 한 번이 어려울 뿐, 익숙해지고 나면 온 인류에게 스스럼없이 말 걸고 있는 자신을 발견할지도 모른다. 밑져야 본전이니 일단 말을 걸어보자. 상대 또한 당신에게 화답할 것이다.

몸도 마음도 지쳐버렸다

이상하다. 아픈 데는 없는데 왜 이렇게 힘들까. 여행하며 가장 중요한 건 건강이란 말에 아플 때 충분히 쉬고, 피곤할 때는 시간이 아까워도 휴식을 취했다. 하지만 아무리 쉬어도 체력이나 정신력이 100퍼센트 회복되지 않는 듯하다. 게다가 이젠 여행에 대한 재미도 떨어졌나 보다. 이국적이고 아름다운 풍경들에 감흥이 느껴지지 않는다. 길가의 돌도 특별해 보여 눈을 뗄 수 없던 여행 초반과 달리, 이제는 정교한 건축물을 봐도 '멋있네'라는 생각뿐이다. 처음에는 하루하루가 지나는 게 안타깝더니, 이제는 집에 가려면 얼마나 남았는지 세느라 바쁘다. 이렇게 무미건조한 날을 보내자고 온 게 아닌데. 정신 차리고 힘을 내 관광지를 둘러보고 시내를 걸어도 여전히 무던한 감정에 좌절하게 된다. 이렇게 몸도 마음도 지쳐 아무것도 즐기지 못할 때는 어떻게 해야 할까?

특별히 아픈 데도 없는데 왜 힘들까

여행 중반에 들어서면 본인의 체력이 전과 같지 않음을 느끼게 된다. 어떤 날은 아침에 일어날 때부터 피로를 절감한다. 여행에서 체력만큼 중요한 게 없음을 온몸으로 알게 된다. 때로는 체력이 회복되지 않는 상황이 억울하게 느껴진다. 언제나 다음 일정을 고려해 몸에 무리가 없도록 조절하고, 몸 상태가 썩 좋지 않을 때는 시간을 아껴 안정을 취했을 것이다. 노력에도 불구하고 체력이 회복되지 않고 피곤함만 가중된다면 답답한 마음이 생길 수밖에 없다.

특별히 아픈 곳 없고 휴식도 충분히 취했는데 힘든 이유는 무엇일까. 체력이 떨어져서? 물론 정답이다. 그러나 당신이 힘들고 지친 이유에 체력 저하만 있는 건 아니다. 혼행러에게는 '여행 담력'이 있다. 여행 담력은 혼행을 무서워하지 않는 배짱, 여행에서 당면하는 갑작스러운 일을 당황하지 않고 처리하는 정신력, 크고 작은 위기에서 본인의 심리적인 부분을 통제하는 능력을 말한다. 혼행 초보라면 여행 담력의 크기가 작을 수밖에 없다. 혼행을 한 적 없으니 여행에서 생기는 다양한 일을 더디게 처리할 수밖에 없다. 또 사건 사고를 겪었을 때 본인의 마음을 다독이고 안정시키기도 어렵다.

여행 담력은 개인마다 한도가 있는데 여행 중 예상치 못한 어려운 일을 겪을 때마다 조금씩 줄어든다. 교통편이 갑자기 연착돼 일정이 꼬이거나, 소매치기나 사기를 당하거나, 실수로 길을 잃어버리는 등 여행에서 벌어질 수 있는 우연한 사고들이 여행 담력을 줄게 한다. 여행자는 다양한 사건을 겪을 때마다 여행 담력을 사용해가며 본인의 마음을 보살피고 다독인다. 그러나 본인이 가진 여행 담력을 너무 많이 소모하면 바닥날 수밖에 없다. 그때부터는 본인의 기본적인 정신력과 체력을 사용하기 때문에 휴식을 취해도 회복되는 느낌이 들지 않는다.

여행 초반에 느끼는 설렘이나 기쁨 같은 긍정적 감정도 여행자의 정신력을 보호한다. 심각하게 피해 입는 일을 제외하고, 여행에서 생기는 사건 사고들은 여행을 통해 느끼는 긍정적 감정들로 덮어 회복할 수 있다. 그러나 여행 중후반에는 즐겁고 행복한 감정이 촉발되는 수준 자체가 높아진다. 아무리 이국적이고 아름다운 풍경도 사방팔방 널려 있다면 감흥이 덜해질 수밖에 없는 법. 처음에는 길가의 돌 하나까지 눈여겨보지만, 나중에는 돌을 세밀하게 다듬고 조각해 만든 수천 년 된 작품을 봐도 '음, 좀 멋지네'라며 지나친다.

이렇게 기쁨을 느끼는 빈도가 적어지면 여행에서 일어나는 부정적 사건을 덮을 만한 긍정적 감정이 생기기 어려워진다. 충분한 휴식을 취해도 바닥난 여행 담력과 기본적인 정신력을 사용해 사건 사고를 견뎌야 하니 피로감만 쌓이는 것이다. 무얼 해도 즐겁지 않으면 여행하고 싶은 기분도 들지 않는다. 억지로 나가 즐겨보려 해도 무미건조한 감정만 계속되니 허탈하다. 그 이유라도 제대로 알면 즐거움을 되찾을 듯한데 특별한 사건이 있던 것도 아니고 딱히 아픈 데도 없으니 알 길이 없다. 이유를 알 수 없는 피로감과 무미건조한 여행 때문에 짜증이 날 것이다. 이렇게 까닭을 찾을 수도, 문제를 해결할 수도 없는 상태를 극복하는 방법은 한 가지밖에 없다. 문제를 보는 생각과 방법을 바꿔야 한다. 자, 생각해보자. 당장 내일 집으로 돌아가야 한다면 무엇을 하고 싶은가?

여행에는 시간의 한계가 있다

"오늘이 인생 마지막 날이라면 오늘 하려던 일을 하고 싶은가."

애플의 창업자인 스티브 잡스가 스탠퍼드 대학 졸업식에서 던진 질문이다. 이는 시간 제한을 잊은 삶의 프레임을 시간의 한계가 있는 삶의 프레임으로 바꿔주는 전환법이다. 매일 해가 뜨고 지는 것에 익숙해진 우리의 시선을 당장 내일 해를 볼 수 없는 사람의 시선으로 옮겨주는 것이다. 지금 여기 삶의 소중함을 다시금 깨닫게 해주며, 우리가 해야 할 최선의 선택을 바라볼 수 있게 해준다.

당신은 당장 내일 집에 가야 한다면 무엇을 하고 싶느냐는 질문을 봤을 때 어떤 생각이 들었는가? 아마도 소중한 여행을 이렇게 끝낼 순 없다는 생각이 들었을 것이다. 한순간에 여행이 아쉬워지고 초조해지며, 당장 밖에 나가 하나라도 더 보고 느껴야겠다는 마음에 자리에서 벌떡 일어났을 수도 있다. 여행 의지는 우리에게 주어진 시간에 한계점이 있음을 떠올리는 것만으로도 샘솟는다.

여행 의욕을 끌어올리는 또 다른 방법이 있다. 당신이 지금 있는 도시에 온 신경을 집중하는 것이다. 특별히 한 도시에서 살아보는 여행이 아니라면 한곳에 오래 머무는 여행자는 드물다. 돈과 시간에 한계가 있으므로 해외에 한 번 나갔을 때 최대한 많은 곳을 둘러보려는 여행자가 많기 때문이다. 그래서 당신이 여행에 지친 것이다. 여러 도시를 거치며 너무 많은 것을 보고 즐긴 게 문제다. 많은 도시를 다니며 여행에 익숙해졌기에 지금 있는 그곳이 특별하게 느껴지지 않는 것이다. 처음 온 도시라 해도 그저 여행 계획에 포함된 한 도시일 뿐이라 여겨 소중하게 다가오지 않는 것이다.

여행에 권태로움을 느끼고 싫증이 나는 건 당신 잘못이 아니다. 우리 뇌의 지극히 정상적인 현상이다. 인간의 뇌는 새로운 자극을 받았을 때 도파민이라는 신경 전달 물질을 생성한다. 도파민은 흥분과 쾌감 등을 관장하는 호르몬이다. 도파민이 촉진되면 의욕, 몰입, 목표 지향, 주의 집중력이 향상되고 흥분, 즐거움, 기쁨 등의 감정을 느낀다. 여행은 도파민이 활성화되기 매우 좋은 환경이다. 낯설고 새로운 환경, 익숙하지 않은 언어와 사람들을 만나는 등 경험하는 모든 것이 새로운 자극이기 때문이다. 여행을 하면 도파민이 활발하게 분비돼 즐거움과 행복감, 기쁨 같은 긍정적인 감정을 느낀다. 그러나 여행이 오랜 기간 지속되면 우리 뇌는 여행이라는 활동 자체에 적응한다. 낯선 상황 자체는 새로움을 불러일으키지만, 매일같이 낯선 환경에 처하는 상황 자체에 익숙해진 뇌는 도파민을 이전보다 덜 생성한다. 여행을 처음 접했을 때만큼의 도파민이 활성화되지 못하므로 덜 즐겁고, 덜 기쁘고, 덜 신나게 되는 것이다.

여행이 무미건조해졌을 때 즐거움을 회복하는 방법은 한 가지다. 여행에 익숙해진 우리의 뇌를 바꿔야 한다. 여행에 대한 우리의 시선, 즉 프레임을 바꿔 그것을 통해 도출되는 생각을 바꾸는 것이다. 지금 당신이 있는 도시를 그저 계획에 포함된 장소로만 생각하지 말고 하나의 개별적 도시로 바라보자. 당신이 그 도시에만 여행 갔다면 지금처럼 따분하게 받아들였을까? 아니다. 매순간 최선을 다해 그곳을 느끼며 즐기려 했을 것이다. 당신이 그곳에 처음 방문한 사실을 상기하라. 당신의 실제 일정과 상관없이 지금 있는 그곳에만 머문다고 가정해보자. 그 도시를 마지막으로 이제 집으로 돌아가야 한다면? 여행을 바라보는 프레임을 제한하면 여행에 대한 느낌이 달라진다. 여행을 따분하게 만들거나, 기쁘게 만드는 건 모두 당신에게 달렸다. 생각이 도출되는 조건을 바꾸려고 노력할수록 그 결과가 달라진다.

그러나 프레임을 바꾼다고 모든 일이 완벽하게 해결되진 않는다. 프레임 전환은 환경을 바꾸는 활동이 함께 이뤄져야 효과가 높아진다. 여행의 프레임을 좁히는 과정으로 여행에 대한 의지를 회복했다면 실제 행동으로 넘어갈 차례다. 바로 새로운 활동을 통해 여행의 즐거움을 찾는 것이다.

즐거움 찾아 나서기

앞에서도 언급했듯 도파민이 분비되면 의욕이 충만해져 즐거움과 행복감을 느끼게 된다. 이전에 경험하지 못한 새로운 액티비티를 체험하는 것은 도파민을 끌어올리는 확실한 방법이다. 액티비티는 어느 곳에나 있지만 지역마다 그곳의 특성이 반영된 액티비티가 있다. 태국의 무에타이나 쿠바의 살사처럼 전통 무예나 무용이 있는 곳에서는 관련 수업을 배우는 클래스가 인기다. 몽골이나 이집트처럼 사막이 있는 나라는 말이나 낙타를 타거나 드라이브하며 사막을 질주할 수 있다. 펭귄이나 고래같이 특별한 동물을 볼 수 있는 나라는 야생 동물과 교감하거나 보호 운동에 참여하는 프로그램이 있다. 색다른 의미나 추억을 남길 수 있는 액티비티를 해보면 여행에 대한 즐거움뿐만 아니라 의욕도 되찾을 수 있다.

야외 액티비티나 신체 활동이 끌리지 않는다면 앞서 언급했던 다양한 수공예, 미술 클래스, 쿠킹 클래스 등 실내 체험을 선택하자. 아마 이전에 할까 말까 고민하다 하지 못했거나, 여러 가지를 하기에는 시간 여유가 없어 체험하지 못한 액티비티나 프로그램이 있을 것이다. 이번에는 주저하지 말고 신청해보라. 하고 싶은 게 있으면 할 수 있을 때 해야 한다. 다음에 하자고 미루다간 계속 미루게 된다. 할까 말까 여러 번 고민하다 하지 못한 것은 나중에 아쉬워지므로 꼭 후회 없는 선택을 하자.

어떤 활동에 도전하는 게 부담스럽거나, 혼자서 정적인 활동을 하며 즐거움을 찾고 싶은 여행자도 있을 것이다. 이러한 조건을 충족하며 즐거움을 찾는 방법은 다른 사람들의 여행기를 보며 자극을 받는 것이다. 당신은 이전에 여행 정보를 얻기 위해 영상이든 글이든 숱하게 많은 사람들의 여행기를 봤을 것이다. 이번에는 포인트를 다른 곳에 둬야 한다. 지금까지 여행 정보에 집중했다면, 이번에는 다수의 사람들이 여행에서 감명을 받은 포인트에 집중하는 것이다.

관광지에서의 신나고 즐거운 기분을 담은 영상도 좋지만 글로 풀어놓은 여행기를 읽는 게 더 좋다. 스쳐 지나가는 영상보다 한 글자 한 글자 복기할 수 있는 줄글이 다른 사람의 경험을 전달받기에 더 적절하다. 전자책으로 출판된 여행 에세이를 봐도 좋고, 문체나 분위기가 마음에 드는 여행 칼럼이나 여행기를 찾아봐도 좋다. 되도록 본인이 여행하고 있거나 여행하게 될 곳의 에피소드가 담겨 있는 책이나 글을 찾아보는 것이 도움이 된다.

본인의 취향과 여행지에 적합한 글을 찾았다면 어떤 곳에 가고, 어떤 것을 하고, 어떤 것을 먹은 사실을 확인하기보다 글쓴이가 그 활동을 통해 느낀 기분이나 감정 같은 요소에 집중해보라. 감명을 느끼는 것에 둔해진 상태라면 타인이 감명받는 과정을 따라가보는 것이 도움이 된다. 다른 여행자의 느낌이 담긴 글에서 본인의 마음에 와닿는 에피소드가 있을 것이다. 타인의 여행기는 나도 이 경험이나 감정을 느껴보고 싶다는 에너지가 샘솟도록 만든다. 그 에피소드가 본인이 있는 여행지에서도 충분히 경험할 수 있는 일이라면 당장 유사한 곳을 찾아 나서라. 여행 초반에 느꼈던 설렘과 비슷한 기쁨을 경험할 것이다.

똑같은 활동을 해도 그 여행자만큼 즐겁지 않을 수 있다. 당신이 행복감을 회복하기 위해 애썼다는 사실과, 당신이 그렇게 활동함으로써 얻은 느낌과 기분 자체에 집중해보자. 무기력을 극복하려고 노력한 시도 자체만으로도 의미 있다. 그것만으로도 당신은 충분히 대단한 사람이다.

행복과 즐거움은 예고 없이 찾아온다. 그런데 본인이 원하는 방향으로 여행을 만들어갈 때 더 큰 성취감과 함께 찾아온다. 행복하고 싶어 떠난 여행에서 부정적인 감정이 생긴다면 자신을 행복하게 만들기 위한 노력을 해보라. 당신은 정신적으로 더 성장하고, 더 행복해질 것이다.

다 포기하고 돌아갈래

도대체 왜 계획대로 돌아가는 일이 하나도 없을까. 대중교통은 시간표에 맞춰 오는 일이 없고, 소매치기나 사기꾼은 어디든 널려 있으니 누가 말을 걸어오면 마음 놓고 이야기할 수도 없다. 게다가 장소를 가리지 않고 당하는 인종 차별, 손 쓸 도리 없는 궂은 날씨, 천재지변이나 테러 및 파업 등으로 통행이 제한돼 여행을 즐길 수가 없다. 나만 이렇게 되는 일이 없고 힘들게 여행하는 것 같다. 다른 사람들은 즐겁고 행복하게 다녀온 듯한데 왜 나한테만 이런 일이 일어날까? 힘들고 괴로운 일도 한두 번이지, 이젠 스트레스가 머리끝까지 차올랐다. 일정이 얼마나 남았든, 금전 손해를 얼마나 보든 그냥 집에 돌아가버리고 싶다. 다 포기하고 싶을 때는 어떡하지?

왜 내 여행만 이럴까?

여행은 분명히 즐거운 일이다. 이국적이고 아름다운 풍경을 눈에 담고 풍미 넘치는 현지 음식을 먹으며 그 나라 역사와 문화를 느끼고 체험할 수 있다. 또한 세대와 성별을 불문하고 특별한 인연까지 만들 수 있는 엄청난 일이다. 그러나 때로 엄청난 스트레스를 받기도 한다. 상황이 계획대로 돌아가지 않을 때, 바라던 상황과 전혀 반대의 상황만 벌어질 때다.

스트레스는 아주 다양한 상황에서 받는다. 가장 흔하게는 대중교통을 이용할 때도 받는다. 아마 여행 중엔 우리나라 대중교통만 한 곳이 없구나 싶을 것이다. 수용 인원과 상관없이 내부가 협소하거나 지저분하고 더러운 곳이 많기 때문이다. 그러나 이보다 더 큰 스트레스를 유발하는 요소가 있다. 바로 정시 운행의 부재다. 1분 1초가 아쉽고 촉박한 여행자에게는 시간이 참 중요하다. 그러나 해외 대중교통은 여행자의 마음을 이해해줄 생각이 전혀 없어 보인다. 시간표를 지키지 않는 건 기본이고 한두 개 차편은 가볍게 건너뛰거나, 도착 예정 시간보다 훨씬 늦게 도착하기도 한다. 가장 속 터지는 일은 비행기나 기차를 타기 위해 공항이나 기차역을 가야 하는데 대중교통이 오지 않을 때다. '이러다 늦으면 어떡하지? 지금이라도 택시를 타야 하나? 아니야 조금만 더 기다려보자'라며 온 세상 스트레스를 다 받는다. 그렇게 예약한 교통편의 출발 시각 전에 도착하면 다행이지만 정말 교통편을 놓치면 이때만큼 스트레스가 극에 달하는 순간이 없을 것이다.

다음은 소매치기나 사기 피해를 입었을 때다. 다양한 사례를 익히고 정신을 바짝 차렸음에도 눈 깜빡하는 사이 당할 수 있다. 이때는 소매치기와 사기꾼을 저주하면서 그 일을 당한 자신도 원망한다. 귀중품을 도난당했거나 피해 금액이 크면 심리적 타격은 더욱 크다. 모든 조치를 취한 이후에도 그 상황을 곱씹으며 분노하다 좌절감에 빠지기도 한다. 또 피해 의식과 방어 의식이 강해져 누군가와 눈만 마주쳐도 의심하거나 경계하게 된다. 여행은 즐거움이라기보다 스트레스를 견디고 버티는 일이 돼버린다.

인종 차별도 비슷한 후유증을 남긴다. 여행 중 겪는 수위 낮은 인종 차별은 적응이 돼서 무시하게 된다. 그러나 스트레스를 잔뜩 받은 상태에서는 수위 낮은 인종 차별도 분노 지수를 크게 높인다. 만약 욕설을 듣거나 신체적인 인종 차별을 당했다면 정신적으로 더 큰 타격을 입는다. 그런 사람을 또 만날까 봐 밖에 나가기 두렵고, 어쩌다 비슷한 사람을 마주치기만 해도 심장이 두근거린다.

마지막은 우리가 통제할 수 없는 요소다. 궂은 날씨나 천재지변, 테러나 시위 및 파업 등으로 인한 통행 제한이다. 이는 예상할 수 없고 우리가 해결할 수도 없기에 더 큰 스트레스를 받는다. '왜 하필 내가 여행할 때 이런 일이 일어나지?'라며 하늘을 원망할 것이다. 그나마 즐길 수 있는 것을 찾으려 해도 외부로의 통행이 차단된 상태라면 기분이 나지 않는다.

여행자가 겪는 스트레스는 매우 다양하다. 물론 이런 상황을 아예 겪지 않는 여행자도 있고, 한두 개 정도만 겪는 여행자도 있고, 공교롭게 모든 고난을 다 겪는 여행자도 있다. 때로 우리 삶에는 좋지 않은 일이 한꺼번에 몰려오기도 하고, 어느 하나를 해결하지 못한 상태에서 다음 시련이 닥치기도 한다. 한두 번 정도 적당히 넘어갈 수도 있지만 여행 내내 스트레스 받는 일이 생긴다면 왜 나에게만 이런 일이 벌어질까 이해가 안 될 것이다. 다른 사람들은 재밌고 즐겁게 여행하는 것 같은데, 왜 내 여행만 이렇게 엉망진창인지 온 세상이 원망스럽고 정신적으로도 버티기 힘들 것이다. 돈이 얼마나 들든 지금 당장 집에 돌아가고 싶은 생각까지 들 수 있다.

그러나 이렇게 극도의 스트레스를 경험할 때 섣부르게 판단하는 건 좋지 않다. 먼저 마음을 가라앉히고 생각을 다듬어야 한다. 여행에서 항상 좋은 일만 일어나는 건 아니다. 예상치 못한 여러 가지 사건 사고로 부정적인 생각이 반복될 때는 지금 드는 생각과 바람, 기대가 현실적이고 합리적인지 따져봐야 한다.

여행은 현실이다

여행을 떠나기 전 당신은 여행에 대해 어떤 생각을 가졌는가? 익숙지 않은 언어와 문화, 장소나 음식 등 모든 면에서 낯선 곳으로 가는 것에 막연한 두려움을 느꼈을 것이다. 혹시 사건 사고가 생길까 걱정도 했을 것이다. 무엇보다 여행에 대한 기대감이 가장 컸을 것이다. 그러나 여행지에선 '이렇게 내 맘대로 안 되는 일만 일어나기도 쉽지 않겠다'는 생각이 들곤 한다. 완벽하게 짜둔 계획과 달리 여러 사건 사고가 일어나기 때문이다. 도대체 시간표는 왜 있나 싶을 정도로 연착되는 대중교통, 아무 잘못도 하지 않았는데 갑자기 시비를 거는 인종 차별자들, 소중한 내 돈을 털어가는 소매치기와 사기꾼, 단군 신화의 우사나 운사가 환생한 것도 아닌데 내가 밖에 있을 때만 흐리고 비 오는 날씨, 도착하자마자 기막히게 벌어지는 천재지변이나 테러, 시위, 파업 등은 뒷골을 감싸쥐게 만든다.

이대로 좌절과 원망에 빠지기 전에 생각할 게 있다. 바로 '삶이 우리 기대처럼 완벽하게 돌아가는가'에 대해 말이다. 우리가 사는 이 세상은 내 기대나 바람대로 돌아가지 않는다. 우리가 원하는 것과 별개로, 세상에 존재하는 수많은 요소들은 무수한 상황과 상태를 생성해낸다. 기존 데이터를 사용해 어느 정도 예측은 가능하다 해도 전혀 반대되는 상황이 벌어질 수 있다. 여행은 이렇게 예측할 수 없는 우리 삶과 뚝 떨어진 별개의 상황이 아니다. 여행은 분명히 특별한 일이지만 여행 역시 우리 삶에 속한 하나의 과정일 뿐이다. 여행이라고 해서 즐거운 일만 일어나지는 않는다.

여행은 단어 자체로 기대감을 갖게 한다. 여행을 머릿속에 떠올리는 순간부터 행복이나 즐거움, 기쁨 등의 감정을 느끼게 된다. 각종 매체나 사람들의 경험담에서 보고 듣는 정보 또한 긍정적이고 밝은 면이 더 많다. 우리의 머릿속에는 의식적이든, 무의식적이든 여행은 즐겁고 행복한 일이라는 프레임이 형성돼 있는 것이다. 하지만 여행을 긍정적인 것으로만 기대하면 그와 반대되는 상황이 일어났을 때 부정적 감정에 빠지게 된다. 사건 사고가 벌어질수록 '왜 내 여행에만, 왜 나에게만 이런 일이 벌어질까'라는 생각이 저절로 떠오른다. 이렇게 부정적인 사건과 생각에 중점을 두는 순간 여행은 지옥으로 변해버린다. 본인이 바라고 기대했던 상황과 끊임없이 비교하며 나락으로 떨어진다.

역설적이지만 여행에서 행복해지려면 '여행 중 행복하지 않을 수도 있다'고 생각할 줄 알아야 한다. 여행이 주는 긍정적 환상에서 벗어나 여행에서도 부정적인 일이 일어날 수 있다는 현실적이고 합리적인 생각을 가져야 한다. 당신이 봤던 다른 사람들의 여행기에 즐겁고 재미있고 행복한 일만 있었는가? 아니었을 것이다. 당신보다 덜하든 비슷하든 더하든 그들에게도 힘들고 어려운 일은 벌어졌다. 여행은 꿈과 희망의 새 나라로 가는 게 아니다. 현실 속 새로운 나라에 가는 것뿐이다. 우리는 여행에서 즐거운 일이 생기기를 기대하고 바라되, 그렇지 않은 일이 벌어질 수 있음도 받아들여야 한다.

여행에 대해 현실적인 프레임을 가지면 사건 사고가 생겼을 때 받는 심리적 타격이 줄어든다. '왜 이렇게 마음처럼 안 되지?'라고 생각하면 100이 부딪혀 왔을 때 300, 500의 스트레스를 받는다. 그러나 현실적인 여행 프레임을 갖고 있다면 100이 부딪혀 와도 30, 50 정도의 타격만 받으며 상황을 빠르게 인정하고 수용한다. 심리적 타격이 적으면 부정적 감정에서 회복되는 시간도 빨라져 여행의 즐거움을 빠르게 되찾을 수 있다. 사건 사고 자체를 없던 일로 만들

순 없지만 부정적 생각으로 빠지는 것을 차단해준다. 여행에 대한 현실성과 합리성을 인식하면 마음이 조금 더 편해진다. 여기서 한 발자국 더 나아가면 우리의 여행을 더 행복하게 만들 수 있다. 바로 여행의 우연성을 사랑하게 되는 것이다.

여행의 우연성을 사랑하기

여행을 어떤 관점으로 바라봐야 할까. 여행 또한 삶에 포함된 일이니 언제 무슨 일이 벌어질지 모른다. 우연을 좋아하든 싫어하든 사건은 필연적으로 발생한다. 여행의 우연성은 현실적이고 합리적인 사실이다. 우연한 사건은 즐거운 일일 수도, 그렇지 않을 수도 있다. 전자의 상황이 벌어질 때는 여행의 우연성을 기쁘게 받아들이며 사랑하게 되지만, 후자의 경우 세상을 원망하고 분노한다. 보통 계획한 대로 일이 잘 풀려나가고 좋은 일이 일어날 때 '왜 이렇게 좋은 일만 일어나지?' 하는 여행자는 없다. 나쁜 일이 연속해서 일어나거나 타격이 큰 사건을 겪었을 때는 사고가 부정적 방향으로 바뀌어 '왜 이렇게 안 좋은 일만 일어나지?'라고 확대해 받아들인다.

'인생사 새옹지마'라는 말처럼 여행에서 생긴 화가 어떤 복으로 이어질지는 아무도 모른다. 계획대로 돌아가지 않는 일을 겪을 때 당신이 그동안 경험한 어려움과 엮어 생각하면 현실을 왜곡하게 된다. 지금 벌어진 이 일이 내 마음을 아프게 하더라도 다른 일과는 전혀 관계없는 단일한 사건으로 바라봐야 한다. 물론 사건 사고가 벌어졌을 때 아무렇지 않게 긍정적으로 반응하는 건 몹시 어려운 일이다. 그러나 우연한 사건은 말 그대로 사건일 뿐이다. 여행의 우연성을 거부하거나 있는 그대로 받아들이지 않으면 스트레스만 가중된다. 여행자는 여행에서 벌어지는 일의 우연성을 있는 그대로 받아들여야 불행을 빠르게 극복하고 행복도 빠르게 받아들일 수 있다.

행복하게 여행하려면 여행 중 벌어지는 우연한 일에 대해 여유롭고 너그러운 태도를 가져야 한다. 그래야 어떤 일이 벌어져도 그 의미를 곡해하거나 확대하지 않게 된다. 지금 좋지 않은 상황이 생겼더라도 이전에는 분명히 행복한 일이 있었으며, 이 이후에도 행복한 일은 얼마든지 일어날 거라는 사실을 받아들이게 된다. 여유롭고 편안한 마음으로 순간순간을 즐기자. 여행의 우연성을 사랑할 때 당신의 여행은 행복으로 가득해진다.

혼행러를 위한
꿀팁

더 즐거운 다음 여행을 준비하는 세 가지 방법

첫째, 여행 준비물을 모아놓자. 해외여행을 한 번도 다녀오지 않은 사람은 있어도 한 번만 다녀온 사람은 없다는 말이 있다. 당신도 돌아온 순간부터 다음 여행을 준비하게 될지 모른다. 귀찮다며 여행 준비물을 여기저기 늘어놓지 말고 한곳에 잘 모아두자. 다음 여행 때 허둥지둥 헤매는 일 없이 편하게 짐을 쌀 수 있다. 나는 여행 물품만 모아놓는 '여행 서랍'이 따로 있다. 급한 출장이나 여행 시 이곳저곳 뒤질 일 없이 서랍에 있는 것만 쏙쏙 꺼내면 되니까 매우 편하다. 여행 물품을 한곳에 두고 잘 관리한다면 당장 내일 급하게 짐을 쌀 일이 생겨도 여유롭게 찾을 수 있다.

둘째, 여행 적금을 들자. 여행으로 큰돈을 척척 쓰는 사람도 막상 다음 여행 때가 되면 돈이 아까워지는 법이다. 하지만 처음부터 여행 자금을 목적으로 부은 적금은 쓸 때 죄책감에 시달릴 필요가 없다. 어차피 여행 가려고 모은 돈이기 때문에 마음의 부담이 덜하다. 여행은 분명 돈이 많이 들어가는 일이다. 그러나 돈의 프레임으로 여행을 바라본다면 돈이 아까울 수밖에 없다. 당신은 이제 여행이 단순하게 돈을 탕진하는 일이 아님을, 그리고 여행이 당신에게 어떤 것을 선사하는지 잘 알 것이다. 안 그래도 빠듯한 삶에 여행 적금까지 따로 붓는 것이 부담스러울 수 있지만 없는 돈 셈 치고 꾸준히 모으자.

셋째, 외국어를 공부하자. 해외여행을 다녀온 당신은 이제 깨달았을 것이다. 여행에서 진짜 써먹기 위한 외국어 공부의 방법은 첫 번째가 단어, 두 번째가 듣기, 세 번째가 말하기라는 것을. 당신이 다음에 가게 될 여행지에서 사용하는 언어를 조금씩 익혀두자. 완벽히 마스터하겠다고 문법부터 달려들면 제풀에 지친다. 여행자에게 가장 중요한 것은 듣고 말하는 것이므로 들을 수 있고 말할 수 있는 단어부터 천천히 시작해 듣기와 말하기를 연습하자.

언어는 자전거 타기처럼 한 번 배우면 몸이 저절로 기억하는 게 아니다. 꾸준히 듣고 꾸준히 사용해야 귀에 박히고 입에 붙는다. 하루에 단어를 몇 개씩 외우고 문장도 몇 개씩 들어가며 공부하자. 훗날 해외여행에서 현지인과 조금 더 편하게 소통할 자신을 상상하며.

혼행
실전편
1

항공권 예약하기

1. in-out은 어떻게 정하지?

여행 경로를 정했다면 첫 번째로 여행할 도시 in과 마지막에 둘러볼 도시 out을 정해야 한다. 일반적인 in-out 방법은 방문할 지역에서 거리가 가장 멀리 떨어진 두 도시를 지정하는 것이다.

기후가 다른 여러 도시를 여행한다면 추운 나라를 in으로 정하자. 한국과 비슷한 기후거나 더 따뜻한 곳을 여행하면 몸에 큰 부담이 없다. 그런데 따뜻한 기온에 적응한 뒤 추운 나라에 가면 체력이 떨어지게 될뿐더러 챙겨간 방한용품을 계속 갖고 다녀야 한다. 방한용품은 대체로 부피가 크고 무겁다. 추운 나라를 여행한 뒤 방한용품을 한국으로 보내면 짐이 가벼워지고 컨디션도 조절할 수 있다. 또한 쇼핑을 많이 할 계획이 있는 도시에서 out하면 짐에 대한 부담을 덜 수 있다.

유럽을 여행한다면 런던 out을 피하는 게 좋다. 런던을 여행할 때는 대개 런던의 메인 공항인 히드로를 이용한다. 우리가 어떤 공항에서 출발하면 그 공항의 이용료가 항공권에 포함되는데, 히드로는 공항 이용료가 높아 이곳에서 out하면 항공권 가격이 더 높아진다. 유럽 여행자라면 런던을 in으로 지정하는 경우가 많다.

---

2. 언제 예약하면 좋을까?

여행 시기가 성수기(여름 휴가, 크리스마스, 연말 연초, 명절)라면 여행을 결정한 시점부터 항공권을 검색해야 한다. 또 본인이 in하는 도시에서 유명한 축제가 열린다면 항공권이 풀리는 1년 전부터 찾아야 한다. 축제 시기의 항공권 경쟁은 매우 치열하기 때문이다.

많은 매체들이 출발 전 3개월에서 6개월 사이의 항공권이 저렴하다고 한다. 그러나 해당 시기에만 항공권을 검색하다가 저렴한 표를 놓칠 수 있다. 먼저 본인이 이용할 항공 노선을 구매했던 사람들이 얼마에 항공권을 예약했는지 찾아보자. 어느 정도가 저렴하고 비싼지 가격대를 알았다면 본인의 최대 결제 금액을 설정해 놓고 항공권을 찾으면 된다. 본인이 설정한 최소 금액에 가까운 항공권을 찾았다면 빨리 결제한 뒤 항공권 예약 사이트를 다시 열지 마라. 그것이 후회를 줄이는 일이다.

당일 결제나 결제 이후 24시간 이내에는 취소 수수료가 없는 항공사나 항공권이 있다. 정해진 시간 이내에 더 저렴한 항공권을 발견하면 취소하고 새로운 항공편을 예약하면 된다. 또 출발 기한을 기준으로 취소 수수료가 없거나 차등으로 부과되는 경우가 있다. 취소 수수료를 고려해도 다른 표를 예약하는 게 이득이라면 취소하고 다시 예매하자. 만약 발권 이후라면 발권 수수료가 환불되지 않는 경우가 많으니 잘 살펴봐야 한다.

---

3. 다구간 항공권이 뭐지?

두 나라 이상 여행할 경우 in-out 도시를 다르게 설정할 수 있다. 예를 들어 프랑스 파리에 in하여 프랑스를 관광한 후 기차나 비행기를 타고 이탈리아로 이동해 로마에서 여행이 끝날 수 있다. 이때 파리로 다시 돌아가는 게 아니라 로마에서 귀국하도록 인천(출국)-파리(in)-로마(out)-인천(귀국) 노선으로 비행기를 예약할 수 있다. 그런데 인천-파리 노선과 로마-인천 노선을 개별적으로 발권하면 비행기 표가 비싸질 확률이 높다. 항공권 예약 사이트에서 다구간 설정을 누르고 검색하면 훨씬 저렴한 항공권을 찾을 수 있다. 간혹 각 노선을 편도로 구매했을 때 더 저렴해지는 경우도 있으므로 다구간 예약과 편도 예약을 비교한 다음 결제하자.

---

4. 경유하기

직항이 없어 무조건 경유해야 하는 노선이 있다. 또 직항이 있어도 경유편을 선택하면 가격이 낮아지는 항공편이 많다. 경유가 나쁜 건 아니지만 경유 시간이 너무 짧거나 길면 불편함이 생긴다. 경유 시간이 1시간 전후로 짧다면 수하물이 도착지까지 따라오지 못할 수 있다. 공항이 복잡하고 크다면 이럴 확률이 더 높다. 짐을 돌려받을 때까지 며칠간 불편을 겪거나, 여행 시작부터 기분을 망칠 수 있으니 경유 시간이 2시간 이상인 항공편을 예약하자.

장기 경유는 10시간 이상이 되기도 한다. 이렇게 경유 시간이 너무 길면 공항에서 거의 노숙을 하게 된다. 라운지에서 쉴 수 없다면 잠을 제대로 자지 못해 피곤에 찌든 상태로 여행지에 도착한다. 추후 여행 컨디션에 큰 영향을 미치므로 경유 시간이 너무 긴 항공편도 피하는 게 좋다.

---

5. 레이오버? 스톱오버?

환승transfer은 경유지에서 비행기를 갈아타는 것을 말한다. 레이오버layover는 환승 공항에서 대기하는 시간이 24시간을 넘지 않는 경유다. 대기 시간이 길다면 시내를 구경하거나 숙소에서 휴식을 취할 수 있는데, 짐을 찾지 않고 다녀올 수 있다는 장점이 있다. 그러나 공항에서 시내까지 멀거나 환승 시간이 짧다면 비행기를 놓칠 수 있으니 유의해야 한다.

스톱오버stopover는 환승 공항의 대기 시간이 24시간을 넘는 경유다. 숙소에 머물 수 있고, 관광 또한 시간 부담이 없다. 스톱오버는 발권 전 항공사에 신청하거나 문의가 필요하므로 출발 전 꼼꼼히 알아봐야 한다. 스톱오버 시 공항 밖에서 1박 이상 여행한다면 반드시 수하물을 찾아야 한다. 경유지를 관광한 후 체크인할 때 수하물을 다시 부쳐야 한다. 이 사실을 몰라 짐을 잃어버리는 사람들이 간혹 있으니 주의하자.

---

6. 메이저 항공사 vs 저가 항공사

메이저 항공사와 저가 항공사는 비행기 및 서비스 환경이 다르다. 저가 항공사는 메이저 항공사에 비해 서비스 대부분을 유료로 제공하며, 좌석 간 간격이나 좌석 자체가 비교적 좁다. 저렴한 대신 불편을 감수할 것인지, 비싼 만큼 더 편하게 갈 것인지 선택하면 된다. 여러 가지 후기를 비교해 본인에게 더 편한 쪽으로 선택하자.

---

7. 국내 항공사 vs 외국 항공사

외국 메이저 항공사는 국내 항공사와 비슷하다. 한국어 안내 방송이나 한식이 나오는 곳도 있어 외국인 승무원이 응대하는 것만 빼면 차이가 없다. 그러나 외국 저가 항공사의 경우라면 언어, 서비스, 응대 방법 등 불편한 점이 많다. 출발 지연이나 연결 편 문제라도 생기면 머리가 더 아파진다. 후기를 잘 살펴보고 선택하자.

---

8. 코드셰어가 뭐지?

코드셰어codeshare는 2개의 항공사가 1개의 항공기를 공동 운항하는 것으로, 한 비행기 좌석을 두 항공사가 공유하는 것이다. 비싼 가격으로 메이저 국내 항공사를 예약해도 공동 운항 외항사나 저가 항공의 비행기를 타게 될 수 있다. 코드셰어는 항공편명의 영문 뒤 숫자가 4개인 경우가 많다. 예약 시 주의해서 살펴보고 항공사에 문의하자.

---

9. 마일리지 적립이 되는가?

항공사마다 탑승 클래스 및 예약 등급에 따라 마일리지 적립률이 달라진다. 항공권이 조금 더 비싸도 적립을 원한다면 마일리지 적립 여부 및 적립률을 살펴보고 결제하자.

---

10. 저렴한 항공권은 이유가 있다

특가 항공권이나 프로모션, 저가 항공의 경우 환불 및 취소, 변경이 불가능하거나 규정이 엄격하다. 무료 수하물이 제공되지 않거나 새벽 및 늦은 밤에 출·도착하는 경우도 있다. 나는 특가 항공권을 구매한 뒤 공항에서 체크인할 때에야 무료 수하물이 포함되지 않았음을 알게 된 적 있다.

출·도착 시간 때문에 새벽이나 늦은 밤에 이동해야 할 때는 택시를 타면 되지만 안전상의 문제로 불안하다면 낮 시간에 도착하는 항공권을 예약하자. 항공권이 저렴할 때는 무료 수하물 불포함 사항과 규정, 출·도착 시간을 좀 더 꼼꼼히 확인해야 한다.

---

11. 창가 좌석 vs 복도 좌석

비행기에서 밖을 보고 싶어 창가 좌석을 선택하는 사람이 많다. 그러나 장거리 비행이거나 옆자리에 사람이 있다면 화장실을 오갈 때 불편하다. 또 창가 자리는 다소 추우므로 본인이 느낄 불편을 고심해서 좌석을 선택하자.

---

12. in-out 도시를 다시 확인하자

간혹 in-out 도시를 잘못 예약할 수 있다. 인천(출국)-파리(in)-로마(out)-인천(귀국)을 예약해야 하는데 인천-로마-파리-인천으로 예약하는 식이다. 이를 모르고 숙박 및 기차 예약을 마쳤다가 나중에 높은 취소 수수료를 무는 여행자도 있다.

또 나라의 도시를 바꿔서 예약하는 경우도 있다. 예를 들어 스페인의 바르셀로나를 가려 했는데 베네수엘라의 바르셀로나로 가는 항공권을 끊는 것이다. 저런 사람이 어딨나 생각할 수 있지만 누구나 실수할 수 있다. 항공권을 결제하기 전 두 번 세 번 확인하자.

---

13. 예약자명을 다시 확인하자

항공권을 예약하고 보니 성last name과 이름first name을 바꿔 썼거나, 여권에 쓰인 영어 이름 철자와 항공권의 이름 철자를 다르게 입력한 경우가 굉장히 빈번하다. 지금 당장 인터넷에 '항공권 이름 잘못'이라고 검색해보라. 수많은 사람들의 경험담이 나올 것이다. 항공사마다 다르지만 변경 및 취소 후 재발급 등의 과정을 거치며 수수료가 발생한다. 결제하기 전 세 번 네 번 확인하자.

---

14. 여권 만료 기간을 확인하자

어떤 국가는 입국 당시 여권 만료일이 6개월 이상 남아 있지 않으면 입국을 거부하기도 한다. 여권 만료 기간이 얼마 남지 않았다면 여권을 갱신한 뒤 항공권을 예약하자.

---

15. 비자는 일찍 받자

우리나라 여권은 무비자 입국 가능 나라가 100개국이 넘지만 중국, 호주, 캐나다, 인도 등 비자가 꼭 필요한 나라들이 있다. 이곳은 스톱오버할 때도 비자가 필요하므로 출발 전 꼭 비자를 발급받아야 한다. 나라별로 즉시 발급이 되기도 하지만 길게는 한 달까지 소요되므로, 본인이 가는 나라의 발급 소요 기간을 찾아본 후 이를 고려해 준비하자.

혼행 실전편 2

여행 경비 산출하기

여행자는 본인의 예산 안에서 여행을 운용해야 하기에 경비 계산이 필수다. 여행자에게 필요한 경비는 항공료, 숙박비, 장거리 이동 비용, 1일 생활비(식비, 교통비), 각종 이용료(투어, 액티비티, 박물관 등), 쇼핑 및 기타 잡비로 나눌 수 있다. 이제 각 항목에 따른 경비 산출 방법을 알아보자.

1. 항공료

본인이 이용할 항공 노선의 최고 가격대를 예산으로 설정해놓는다.

---

2. 숙박비

여행 커뮤니티 및 블로그 후기를 검색하거나, 가이드북에 안내된 숙소 가격을 살펴보면 숙소 유형의 평균 가격대를 알 수 있다. 성수기에는 가격이 조금 더 오르므로 성수기 여행 시 이를 감안해 예산을 정하자. 이렇게 도출한 평균 숙소 금액과 본인의 여행 일수를 곱하면 예상 숙박비를 산출할 수 있다.

---

3. 장거리 이동 및 패스 비용

도시나 나라를 이동하는 장거리 이동편은 빨리 예약할수록 저렴하다. 이동 날짜를 결정한 즉시 예약하자.

무계획 여행자는 장거리 교통편의 특성을 인지해야 한다. 본인이 이용할 장거리 교통편의 가격이 얼마나 오를지 궁금하다면, 현재 예약 가능한 가장 멀리 있는 날짜의 가격과 내일 날짜를 비교해 검색해보라. 또 여행 커뮤니티나 블로그 후기에서 예약 노선의 최저 및 최고 가격대를 파악하고 장거리 교통비 예산을 정해놓으면 대략적 경비 산출에 도움이 된다.

또 유럽의 유레일 패스처럼 각 나라 및 도시마다 교통 패스가 있는 곳이 있다. 패스 가격은 생각보다 저렴하지 않다. 본인이 이용하려는 구간들의 개별 금액과 패스 금액을 비교해 더 저렴한 것을 예약하자. 장거리 교통편 구매 비용은 여행 경비에 꽤 큰 부분을 차지하므로 이 부분을 인지하고 예산을 계획하는 것이 좋다.

4. 1일 생활비(식비, 교통비)

식비, 특히 외식비는 나라마다 천차만별이다. 살인적인 물가로 소문난 아이슬란드는 햄버거 세트가 2만 원대다. 식비 예산은 본인이 여행 갈 도시에서의 지출 내역을 상세히 올린 블로그 후기를 참고할 수 있다. 어떤 가이드북에서는 특정 도시에서 일반적으로 접할 수 있는 음식의 가격대를 알려주거나, 식당 안내 페이지에서 대표 요리 가격을 안내해주므로 이를 참고해 예산을 계획하면 된다.

간편 식품이나 식재료를 구매해 요리하거나, 컵라면이나 컵밥을 가져가 경비를 절감할 수 있다. 여행 일수가 길지 않다면 며칠 정도 식사를 자체적으로 해결할지 정하고 그에 따라 식비 예산을 가감하자.

여행지에서 버스나 지하철을 탈 때가 있다. 교통비는 가격이 높지 않지만 예산 계획에 꼭 필요한 요소다. 교통권의 종류 및 가격은 가이드북에 상세하게 설명돼 있으니 이를 통해 교통비를 산출해보자. 이렇게 산출한 1일 식비와 교통비를 여행 일수와 곱하면 1일 생활비가 나온다.

5. 각종 이용료(투어, 액티비티, 박물관 등)

여행 정보 가운데 사람들이 유독 추천하는 투어나 액티비티, 박물관이 있다. 본인이 전혀 관심 없는 영역이라면 굳이 하지 않아도 된다. 안 하면 후회할 것 같은 일만 해도 여행 시간이 모자란다. 투어나 액티비티는 국내에서 미리 예약하거나 이용권을 구매하면 정가보다 저렴하게 이용할 수 있다. 조금 귀찮겠지만 손품을 팔아 비용을 절약해보자.

---

6. 쇼핑 및 기타 잡비

쇼핑에 관심이 없는 사람도 'A 나라 여행 시 필수 구매 아이템/쇼핑 리스트' 같은 것을 보면 홀린 듯 살펴보게 된다. 본인에게 필요 없더라도 지인에겐 여행 선물로 주기 좋은 것들이 많으니 알아두면 좋다. 포털이나 SNS에서 정보를 접할 수 있고, 가이드북에도 가격과 구매처 등이 나와 있다. 관심이 있다면 여러 정보를 찾아보고 예산을 정해놓자.

기타 잡비는 대개 간식비나 식비, 기념품, 그리고 예상치 못한 실수(예매해둔 교통수단을 놓쳐서 티켓을 재구매하는 경우, 소액 사기로 날린 생활비를 메우는 경우 등)에 해당된다. 비상금과도 비슷한 개념이니 넉넉하게 예산을 잡아두면 마음이 편해진다.

예산은 예산일 뿐이라는 말이 있다. 여행을 하다 보면 예상보다 많은 돈이 지출된다. 그러나 덮어놓고 쓰다가는 나중에 꼭 필요한 곳에 쓸 돈이 부족해진다. 여행 중 본인이 정해둔 예산과 오늘 하루 지출, 남은 비용 등을 정리하면 여행하는 데 도움이 된다. 행복하면서도 현명한 여행이 될 수 있도록 신중하게 예산을 계획하자.

혼행
실전편
3

여행 파일 만들기

아무리 두려워하지 않으려 해도 해외여행은 여전히 걱정스러운 일이다. 이 불안감을 조금 덜어내는 실제적 방법이 있다. 바로 여행 전 여행에 필요한 모든 자료를 모아놓은 여행 파일을 만드는 것이다. 아마 여행 정보를 검색하며 '나만의 여행책 만들기' 또는 '셀프 가이드북 만들기'를 본 적 있을 것이다. 본인의 여행 일정, 즉 항공편 스케줄부터 시작해서 어떤 날에 어떤 숙소와 여행지를 방문할지와 이동 방법 등에 대한 정보를 한데 모아 한 권의 책처럼 만드는 것이다.

여행자의 성향에 따라 시중에 출판되는 가이드북처럼 풍족하고 질 좋은 내용을 싣는 이도 있고, 적당히 필요한 내용만 추려 넣는 이도 있다. 파일 몇 장이든, 수십 장의 셀프 가이드북이든 개인 취향과 재량에 따라 만들면 된다. 여기서는 여행 파일이나 셀프 가이드북에 넣으면 도움이 될 만한 요소를 안내할 것이다. 정해진 순서 없이 편의에 따라 조정해 만들어 보자.

1. 표지

완성도를 높이고 싶다면 표지까지 넣어보자. 귀찮으면 텍스트로라도, 아니면 아예 생략해도 된다.

---

2. 여행 일정

전체적인 여행 일정을 한눈에 볼 수 있다. 날짜에 맞는 여행 도시를 쓰고 일정에 따라 이동 유무와 이동 편 정보를 기입한다. 다음 칸에는 숙박 도시 및 숙소명을 기입한 후 정확한 숙박비와 지불 내용을 기입해보라. 착오로 인한 이중 결제를 막고, 숙소 측이 정확한 금액을 결제하는지 확인할 수 있다. 다음 페이지에 수록한 표는 매우 기본적인 요소만 넣은 것이며 개인에 따라 교통수단(비행기, 열차 등), 이동 편의 정확한 편명, 출·도착 및 소요 시간, 객실 유형을 적기도 한다.

만약 표 작성이 귀찮고 대략적인 일정만 표시하고 싶다면 지도 이미지 위에 이동 경로와 날짜를 간단하게 적어놓는 것도 좋다.

---

3. 체크 리스트

대개 셀프 가이드북을 만드는 여행자들이 체크 리스트를 싣는다. 하지만 내가 만든 소중한 책에 V 표시도 남기기 싫다면 넣지 않아도 된다. 종이 한 장에 출력해 가방에 물품을 넣을 때마다 체크한 후 버리고 가자.

---

4. 여행지 기본 정보

먼저 방문할 나라 및 도시에 대해 필수로 알아야 할 기본 요소는 두 가지다. 첫 번째는 현지 한국 대사관 정보다. 여권을 분실하면 재발급을 받아야 하니 운영 시간과 주소, 전화번호, 찾아가는 방법을 잘 기록해두자. 두 번째는 간단한 현지어다. 기본 인사말(안녕하세요, 감사합니다, 실례합니다, 미안합니다, 네, 아니요)과 여행자에게 필수인 현지어(매표소, 화장실, 지하철, 기차, 수하물 보관소, 왼쪽, 오른쪽)를 정리해 외워두자. 현지인과 가볍게 소통할 수 있고 급할 때 당황할 일도 적어진다.

다음은 옵션에 속하는 정보다. 여행자에 따라 다르지만 진짜 가이드북처럼 문화, 날씨, 통화, 전압 등 세부적인 정보를 모두 싣는 사람도 있다. 이는 여러 곳을 가는 여행자에게 좋은 방법이다.

문화에 대한 정보는 현지를 쉽게 받아들이는 데 도움이 된다. 나라별로 금기시되는 관습이나 권장되는 관습이 있는 법이다. 여행 정보를 수집하며 자연스레 기억되기도 하지만 놓치는 게 더 많을 것이다. 해당 나라로 이동하기 전 그 나라의 문화에 대해 잘 정리된 내용을 읽어본다면 꽤 도움이 될 것이다.

기후와 날씨에 대한 상세 정보는 남북으로 길게 뻗은 나라의 여러 곳을 가는 여행자에게도 유익하다. 위도에 따라 날씨와 기후가 달라지며 여행자의 체력에 영향을 미치기 때문이다. 칠레나 아르헨티나, 이탈리아, 일본 등이 그 예다.

통화에 대한 정보는 현지 화폐 사용에 감을 잡게 해준다. 만약 본인이 여행할 나라들의 화폐 단위가 크고 적은 폭으로 달라지면 혼란이 온다. 예를 들어 베트남의 10만 동은 우리나라 돈으로 약 5천 원이다. 태국은 150밧이 약 6천 원, 10만 밧은 390만 원이다. 현지 화폐에 익숙하지 않은 여행 초반에는 계산을 실수하거나, 위조지폐 및 타국 돈을 거슬러주는 사기에 당할 수 있으니 입국 전 화폐 정보를 꼼꼼히 살펴보자.

전압에 대한 정보도 중요하다. 나라마다 사용하는 전압과 플러그가 다르기 때문이다. 여러 나라를 갈 경우 전압 정보를 확인해 멀티 어댑터를 가져가자.

---

5. 환승하기, 공항에서 이동하기

나는 첫 해외여행지가 아이슬란드여서 환승이 필수였다. 환승 공항에서 터미널을 이동해야 했기에 제대로 환승할 수 있을까 걱정돼 눈물을 쏙 뺐다. 그렇게 맘고생 하던 내가 선택한 방법은 환승하는 길을 외우는 것이었다. 우리나라 여행 블로거들은 공항에서 이동하는 사진을 자세히 업로드해서 정보를 얻기 쉽다. 나는 여러 블로그에서 사진을 모아 공항 환승 방법과 시내 이동 방법 파일을 만들었다. 파일을 얼마나 자주 봤는지 공항에 도착해서 이동할 때 '여기에서 사진을 찍었구나'라며 알아챌 정도였다. 상세한 여행 파일 덕에 환승과 시내로의 이동을 쉽게 할 수 있었다. 각 공항의 환승 방법은 블로그를, 시내 이동 방법은 블로그와 가이드북을 참고해 여행 파일을 만들자.

---

6. 지하철 및 버스 티켓 구입 방법

대중교통 티켓 구입 방법 또한 블로그 및 가이드북에서 상세한 내용을 확인할 수 있다. 여행을 떠나기 전 본인의 여행 일정에 맞는 티켓을 알아두자. 그리고 해당 티켓을 구입한 블로거의 후기를 찾아 파일에 잘 정리해놓고 사용 방법을 익힌다면 발권기나 매표소 앞에서 현지인처럼 티켓을 턱턱 구입할 수 있다.

---

7. 관광지 및 숙소 이동 방법

관광지 이동 과정 또한 블로거들의 후기 및 가이드북에서 상세한 방법을 찾아볼 수 있다. 대중교통으로 단번에 갈 수 있거나, 역이나 정류장 인근에 위치한 경우 'A를 타고 B에서 내린다' 정도로 정리하는 것이 편하다. 내려서 골목을 여러 번 꺾어 가야 하는 경우도 간단히 정리한 후 구글맵을 검색해 찾아가자. 만약 특정한 정류장에서 탑승해야 하거나, 기차와 대중교통을 여러 번 환승해야 하는 경우 사진으로 정리하는 것도 좋다. 관광지로의 이동 방법은 일정별, 혹은 도시별로 수록하자.

다음은 숙소 이동 방법이다. 메이저 호텔이나 호스텔, 한인 민박에서 숙박한다면 많은 후기를 참고할 수 있지만 마이너한 곳은 정보가 적다. 숙소가 역이나 정류장 인근에 위치한 경우, 내려서 골목을 여러 번 꺾어 가야 하는 경우 각각 텍스트로 간단히 정리한 뒤 구글맵을 보며 가자.

---

8. 가계부

가계부는 여행 파일에 장을 따로 마련하면 좋지만 별개의 무지 노트에 작성해도 상관없다. 그러나 다양한 용도로 쓰는 무지 노트에 가계부를 쓰면 자금 출납을 한눈에 확인하기 어렵다. 일주일 이내의 단기 여행이라면 괜찮지만 장기 여행은 자금 관리가 중요하므로 가급적 가계부를 따로 마련하자.

---

9. 일기

여행 일기는 추억을 남기고 되새기기에 가장 좋은 방법이다. 여행 파일에 별도의 장을 마련하거나 노트를 따로 가져가자.

---

10. 메모지

여행 중에는 여러 가지 정보를 적어야 할 때가 생긴다. 별개의 노트를 갖고 다녀도 상관없지만 항시 갖고 다니는 여행 파일에 포함해두면 더욱 편하다.

---

11. 여행 파일 보관하기

여행 파일은 두어 개 출력해 가방과 캐리어에 나누어놓고 데이터 파일은 메일이나 클라우드에 보관해두자. 가방이나 핸드폰을 분실했을 때 언제든 다른 곳에서 꺼낼 수 있다.

또 현지에서 핸드폰으로 파일을 열어보기보다 출력한 종이를 들고 보기를 추천한다. 핸드폰을 오래 볼수록 여행자의 시선이 좁아져 소매치기 위험성이 높아진다. 모쪼록 본인의 필요와 편의에 맞게 여행 파일을 만들어 가져가자. 큰 도움이 될 것이다.

여행 일정표 예시

날짜	여행 도시	이동 일정	교통편	숙박 도시 및 숙소명	숙박비 및 지불 내용
20XX. XX. XX	○○	X	X	○○ 호스텔	XX,000원 / 지불 완료
20XX. XX. XX	△△	오전에 △△로 이동	ㅁㅁ역 11:12 ○○○○ 열차	△△ 호텔	XX,000원 / 체크인 시 결제
20XX. XX. XX	●●	오후에 ●●로 이동	▲▲역 15:32 ○○○ 버스	●● 호스텔	XX,000원 / 체크인 시 추가 결제 X,000원
20XX. XX. XX	◇◇	◇◇ 당일치기	●●역 11:25 ○○○ 열차	◇◇ 호스텔	X

혼행
실전편
4

여행 정리하기

1. 여행을 기억하는 사진 정리

여행 중에는 사진 찍기가 일순위지만, 여행을 다녀온 뒤에는 사진 정리만큼 찬밥 취급받는 일도 없다. '이건 꼭 인화해야 돼', '이건 꼭 액자로 만들어서 방에 걸어놓을 거야'라며 굳게 다짐해도 일상으로 돌아와 정신없이 지내다 보면 몇 달이 지나기 일쑤다. 또 여행 사진은 몇 백 장, 몇 천 장인 경우가 많아 미루다가 결국 정리하지 못하게 된다.

그렇다면 여행 사진을 정리하기 가장 좋은 때는 언제일까. 정리할 기력이 있을 때? 정리할 시간이 있을 때? 아니다. 무조건 귀국 직후다.

• 정리 기한 두기

여행 사진도 찍을 때야 좋지, 정리할 때는 일이 되는 법이다. 찍어둔 사진으로 돈을 받는 것이 아니고, 누가 정리하라고 닦달하지 않는 이상 빠르고 성실하게 사진을 정리하기란 쉽지 않다. 막상 사진 정리에 뛰어든다 해도 조금 하다 제풀에 지쳐 미루는 일이 대다수. 여행 사진은 언제부터 언제까지 정리하겠다는 기한을 두고 무조건 이 기간 안에 끝내겠다는 생각으로 덤벼야 정리할 수 있다. 그렇지 않으면 몇 개월이고 몇 년이고 정리하지 못한다. 본인은 그러지 않을 것 같아도 바쁜 일상이 그렇게 만든다.

사진이 너무 많아 엄두가 나지 않더라도 조금 촉박하게 기간을 잡아 정리하자. 사진이 10,000장 이상이 아니라면 2, 3주 이내에 정리할 수 있다. 물론 후보정은 제외다. 직장인이 아니라면 일주일도 길다. 최대한 빠른 시간 안에 끝내야 본인이 덜 힘들고 마음도 후련하다.

• 일자별, 나라별, 장소별로 분류하기

흔들린 사진, 보정해도 살릴 수 없는 사진, 중복돼서 필요 없는 사진을 모두 정리한 뒤 사진을 분류해야 한다. 먼저 일주일 이내의 한 나라 단기 여행은 날짜별로 분류해놓는 것이 좋으며, 소도시를 방문했거나 반나절의 시간을 보낼 정도로 굵직한 관광명소를 방문했다면 날짜 옆에 장소명(6.17/디즈니랜드)을 기입해놓는 것이 좋다. 일주일 이상의 한 나라 여행도 단기 여행과 같이 날짜와 방문 장소명을 기입해놓으면 찾기 편하다.

한 나라 이상을 여행했을 경우 상위 폴더를 나라별로 나누고, 폴더명은 나라/방문 일정(프랑스/6.15~6.21)으로 표기하는 것이 좋다. 각 나라의 하위 폴더에는 단기 여행처럼 날짜와 장소명을 기입하자. 이렇게 폴더를 나눠 사진을 넣어놓기만 해도 원하는 사진을 쉽게 찾을 수 있다.

• 여행 사진 인화하기

여행 사진을 정리한 뒤 인화할 만한 사진을 골라 보정하자. 인화 사이즈 및 종류는 취향에 따라 마음에 드는 것을 선택하자.

인화 유형은 다음과 같다. 첫 번째는 가랜드다. 보통 20, 30대 여성이나 부부들이 인테리어를 겸하여 벽 한편에 달아놓는다. 저렴한 가격에 쉽게 만들 수 있으며, 여러 사진을 인쇄해놓고 기분에 따라 바꿀 수 있다는 장점이 있다. 단점은 사진을 많이 걸어놓았을 때 다소 조잡해 보이며 사이즈가 크면 예뻐 보이지 않는다는 점이다. 3×5(일반적인 사진 인화 크기) 이하로 인화하는 것을 권장한다.

두 번째는 포토북이다. 온라인의 여러 업체에서 쉽고 예쁘게 디자인할 수 있도록 만들어놓은 데다 가격도 저렴하다. 단, 항상 눈에 보이는 게 아니다 보니 펼쳐놓지 않으면 손이 자주 가지 않는다는 단점이 있다.

세 번째는 달력이다. 달력도 온라인 업체에서 쉽게 만들 수 있으며, 탁상 달력이든 벽걸이 달력이든 항상 잘 보이는 곳에 있어 여행지를 추억하기 좋다. 하지만 사진을 교체하기 어려우므로 신중하게 고르는 과정이 필요하다.

마지막은 액자 인화다. 여행을 기억하는 가장 클래식한 방법으로 인테리어 용도로 쓰기 좋으며, 크기에 상관없이 예쁘다. 작은 사진의 경우 교체가 쉽고 교체 사진의 보관도 용이하지만, 대형 사진은 사진 교체와 사진 보관이 다소 번거롭다.

---

2. 여행기 쓰기

여행 동안에는 여행 일기를 쓰라고 하더니 또 여행기까지 기록하라고? 아마 귀찮다는 생각부터 들 것이다. 여행 동안에는 글자만으로 일기를 남겼을 뿐, 이제 정리한 여행 사진을 첨부해 더 실감나는 여행기를 작성할 차례다. 사진이 들어간 여행기는 여행의 추억을 한층 아름답게 만든다. 아래에서는 여행기를 기록하는 세 가지 방법을 안내한다. 모쪼록 가장 끌리는 방법을 선택해 꼭 여행기를 남겨보기 바란다.

• 온라인상에 여행기 쓰기

첫째, SNS를 활용해 보다 짧고 간편하게 여행기를 남겨보자. 당신은 여행하는 동안 SNS에 사진과 함께 짤막한 일기를 적어 올렸을 것이다. 하지만 여행을 즐기기에 바빠 더 보여주고 싶던 사진이나, 나누고 싶던 이야기를 충분히 올리지 못했을 수 있다. 이제 여유로운 시간을 갖고서 사진을 더 예쁘게 보정하고 하고 싶던 이야기도 충분히 담아 올려보자.

둘째, 블로그에 여행기를 올리자.

블로그는 본인이 원하는 느낌으로 사진과 글을 배치하는 데 SNS보다 용이하다. 덕분에 더 풍부하고 깊이 있는 이야기를 담을 수 있다.

SNS든 블로그든 여행기는 본인이 원하는 곳에 올리는 게 가장 좋지만, 개인적으로는 블로그를 추천한다. 사실 블로그에 여행기를 쓸 때는 '내가 무슨 부귀영화를 누리려고 이걸 쓰고 있나'라며 괴로울 것이다. 그러나 여행지가 그리울 때마다 당신이 공들여 쓴 글을 읽으면 당시의 행복했던 기억이 몽글몽글 되살아날 것이다.

또한 당신은 여행 전 많은 블로그를 보며 다양한 도움을 얻지 않았는가. 누군가는 당신의 여행기를 읽으며 정보를 습득하고, 혼자 여행 간 당신을 보며 용기를 얻으며, 당신의 어떤 즐거운 경험을 선망해 본인의 여행 계획에 추가할 것이다. 당신의 글이 다른 여행자의 삶에 어떤 긍정적 영향을 미칠지 모른다. 그 기분 좋은 선순환을 상상하며 여행기를 써나가면 즐겁게 완성할 수 있을 것이다.

• 여행 다이어리에 여행기 쓰기

이것저것 붙여가며 글을 쓸 수 있는 다이어리를 구매해 여행기를 적어보자. 떠나는 비행기 표와 그때의 푸른 하늘이 담긴 사진을 맨 첫 장에 붙여 여행 시작 전 설레던 마음을 담고, 버스표나 기차표를 붙여 차창 밖 이국적인 풍경을 즐겼던 순간을 기록하자. 그때의 벅찬 감동이 다시 떠오를 것이다.

오로지 본인만 볼 수 있는 여행기이므로 SNS에 공개하기 어려운 개인적 내용도 편하게 쓸 수 있으며, 누군가의 눈치를 볼 필요 없이 자신의 감성을 더 풍부하고 충만하게 풀어낼 수 있다. 본인의 손길이 담겨 만들어진 여행 다이어리는 다녀온 여행만큼이나 소중한 보물이 될 것이다.

• 여행 에세이 집필하기

언젠가 책을 내보고 싶다는 소망이 가슴 한 켠에 있었는가? 그렇다면 망설이지 말고 이 기회를 잡아보자. 여행기는 그 소망을 실현할 좋은 소재다. 단순히 혼자만의 여행기로 남겨질 수 있지만 책으로 펴낸다면 그 의미가 달라진다. 다른 사람을 웃고 울리는 여행기가 되거나, 삶의 용기와 꿈을 실현하는 이야기가 되거나, 다른 사람의 인생에 전환점을 선사할 수도 있다.

출판 업계에 몸담고 있거나 익히 알고 있는 사람이 아니라면 먼저 책 쓰기 방법의 길잡이가 될 책으로, 양춘미 에디터가 쓴《출판사 에디터가 알려주는 책쓰기 기술》을 추천한다. 기획부터 출간 방법까지, 예비 저자가 궁금해하고 꼭 필요로 하는 정보가 담겼다. 출판사 에디터가 바로 옆에서 설명해주는 듯 이해하기 쉽고, 때로는 정신이 번쩍 드는 현실을 콕 찝어주기 때문에 족집게 과외를 받는 듯한 기분이 들 것이다.

글쓰기에 대한 정확하고 핵심적인 조언을 받을 수 있는 책으로는《에세이를 써보고 싶으세요?》를 추천한다. 직관적인 설명과 다양한 예시가 담긴 이 책 또한 친절하고 상냥한 편집자가 바로 옆에서 조근조근 설명해주는 듯한 느낌을 선사한다.

마지막으로 집필이 끝난 후 문장을 다듬을 때 필요한 책으로 20년이 넘도록 교정교열을 해온 김정선의《내 문장이 그렇게 이상한가요?》를 추천한다. 교정교열을 위한 우리말 지식을 흥미로운 이야기와 함께 쉽게 풀어내 소설을 읽듯이 빠져들 것이다.

여행 에세이를 출간하는 일은 쉽지 않다. 쓰는 과정도, 출판하는 과정도 어려운 길이 될 것이다. 그러나 여행 에세이를 집필하는 과정은 단순한 여행기를 적는 일을 넘어서 새로운 자신의 모습과 새로운 생각을 발견하는 계기가 될 것이다. 무엇을 발견하게 될지 궁금하다면 반드시 시도해보라.

epilogue

여전히 고민하는 당신에게

나는 프로 걱정러였다. 고민거리가 생기면 실제보다 더 심각하게 받아들여 고통을 자초했다. 덕분에 과민성 대장증후군과 일평생 함께했고, 깊은 걱정거리가 생겼을 때는 날밤을 새기 일쑤였다. 그렇게 해결할 수 없는 일을 걱정하며 고민을 거듭하던 어느 날이었다. 문득 '왜 해결할 수 없는 일에 매달리고 있지?'라는 질문이 떠올랐다. 해결할 수 없는 고민에 골몰하는 상태에서 벗어나 '고민'이라는 본질을 떠올렸기에 탄생한 깨달음이었다. 고민을 통해 고민과 걱정에 압도되는 내 고질적 문제를 타개하는 '진짜 고민'을 발견한 것이다.

나는 고민이 소극적이고 쓸모없는 것인 줄만 알았다. 그러나 고민은 내 삶을 보다 좋은 방향으로 이끌기 위한 적극적이고 유익한 시도였다. 문제를 해결하는 황금 열쇠인 진짜 고민을 발견하는 과정이었다. 당신은 고민이 무엇이라고 생각하는가? 아마 삶에 도움이 안 되는 골칫덩어리로 생각했을 것이다. 우리는 이제 고민에 대한 프레임을 바꿔야 한다. 우리는 무수한 고민 끝에 진짜 고민을 발견했다. 당신은 여행하는 일과 여행에서 생길 일에 대한 고민을 해결하려 노력했기에 문제를 해결할 수 있었다. 고민을 통해 진짜 고민을 발견하지 못한다면 우리가 당면한 문제를 해결할 수 없다. 고민은 우리를 괴롭히는 골칫거리가 아니라 우리 삶을 더 풍요롭게 만들기 위한 정신적 노력이다.

여행에는 끝이 있지만 고민에는 끝이 없다. 이는 삶에서, 여행에서 우연히 벌어지는 사건이 사실은 필연적으로 발생하는 것과 똑같다. '나는 왜 이렇게 고민이 많지?'라는 생각이 들면 고민이 당신의 문제 해결을 돕는 과정이라고 생각하자. 그래야 고민에 압도된 상태에서 벗어나 문제를 해결하는 진짜 고민에 한 걸음 다가설 수 있다.

이제 감사한 이들에게 인사하며 글을 마치려 한다. 가장 먼저 하나님께 감사드리며, 무명작가의 책을 출간해준 두사람출판사 김민희, 김준영 대표에게 감사드린다. 또 책이 나오기까지 격려와 지지를 아끼지 않은 가족과 친구들, 지인들에게 감사드린다. 물심양면으로 도와준 이들 덕분에 끝까지 버틸 수 있었다.

마지막으로 책을 구매한 당신에게 가장 감사드린다. 당신의 여행이 언제나 행복하기를 기원한다.

2020년 5월

이라암